愛妻瘦身
便當

貝蒂做便當————著

貝蒂教你料理新手也能輕鬆搞定

好吃、不胖、吸睛、低卡便當，110道料理健康劑肉1年16公斤

作者序

　　熟識的親友都知道，2 年多前的貝蒂最不喜歡做的家務就是下廚了。我總有各種藉口遠離廚房，上班累、帶小孩忙、小家庭開伙成本高……等等，更何況外食這麼方便，天天吃不一樣的餐館或小吃也是件很享受的事啊；記得當時就連午餐便當也是從自助餐店買回家後，直接倒扣到微波盒裡就讓先生帶去公司當作午餐了，連將飯菜重新擺放整齊、瀝掉多餘油水的心思都沒有。

　　就這麼吃了幾年的輕鬆外食，先生的體重也輕鬆的飆到近 90 公斤（先生身高 180 公分），體檢報告裡的數字警告先生不只是胖在看得到的地方（肚子），就連體內看不到的地方也都過胖了（中度脂肪肝、血糖及血脂都偏高），我才驚覺，不良的飲食習慣在經過日積月累後，就會開始侵蝕健康，真是可怕。

　　於是，我硬著頭皮開始做便當。之所以說是硬著頭皮，因為 2 年多前的我是真的不會煮飯呀！猶記得為先生準備的第一個瘦身便當內容是：一塊水煮雞肉、一些燙青菜、一顆水煮蛋、一碗五穀飯，便當裡沒有好的油脂來源，也沒有足夠的份量來支撐飽足感，果然到了下午，先生打電話來訴說他餓到頭發昏、手發抖，只好緊急吃一罐甜八寶粥止餓。真是辛苦他了，前一天還吃著香噴噴的滷豬腳配 2 碗白米飯，隔天就只能吃著無味的瘦身便當。

為了想讓吃瘦身便當不再是一種折磨，因此，我決定認真的看待烹飪這件事，並開始閱讀健康飲食觀念相關書籍及各類食譜書，將自己看到、學到的，應用在每天的瘦身便當裡；今天香煎橄欖油雞胸肉、明天來份鳳梨肉串、後天想要鹽麴烤鮭魚，漸漸的，先生的瘦身便當裡多了許多美味佳餚，吃得開心極了，最後再來個小堅持，將菜色整齊有序的擺放在便當裡，希望藉此傳達自己對做瘦身便當的認真態度，及想幫先生加油打氣的心情。

　　就這樣每天吃著瘦身便當再搭配運動，大約用了 1 年的時間，先生瘦了 16 公斤，體脂降了，健檢也正常了，這些，都是不用餓著肚子就能達成，只要選擇對的食物，認真的飲食態度就可以辦到。

　　2 年多前不愛下廚的我，現在一天不進廚房就覺得渾身不對勁，因為我終於找到料理的樂趣及天然食物的魅力；我想我再也離不開廚房了。

貝蒂

C o n t e n t s

C o n t e n t s

自由配

後記
愛自己，從認真吃飯開始，
不管現在的你或妳是胖是瘦，
都要好好的愛自己、肯定自己…

Bento Box

瘦身便當 BASIC

自己做瘦身便當一點也不難！
健康提案：既然都花時間下廚了，
營養當然要先擺在第一位。

●本書食譜的計量單位

1 小匙＝ 5cc
1 大匙＝ 15cc
1/4 小匙＝ 1.2cc（鹽罐附的小湯匙 1 匙）
1/8 小匙＝ 0.6cc（鹽罐附的小湯匙半匙）

適量＝份量依個人喜好
少許＝ 3 根手指抓 2 次調味料的份量
米飯 1 碗＝ 160g ～ 200g
起一鍋水＝ 1200cc(或蓋過食材再多一些的水量)
食用油少許 =5cc ～ 10cc

小提醒：各品牌調味料鹹甜度不一，除參考本書食譜比例外，另建議於烹調過程中親嚐試味道，並微調整成習慣或喜愛的口味。

[食材選擇方向]

瘦身便當只要掌握三個方向:「多食物」、「多纖維」及「營養均衡」,依循這三個方向來備菜並料理,那麼一個健康的瘦身便當就幾乎已經完成。

多食物:多採用天然食材來料理各式便當菜色,讓便當裡裝滿來自大自然的原汁原味,並盡可能以簡易、少油、低鹽的料理方式來烹煮,減輕腸胃負擔之餘更喚醒味蕾的靈敏度。

多纖維:將便當裝入足量的蔬菜、膳食纖維,除了可增加飽足感,還可讓膳食纖維幫忙做體內環保、照顧腸道菌,同時也記得提醒自己多補充水分,以防膳食纖維過多但水分不足而引起的便祕。

營養均衡:當便當完成時,再檢視一下整體的營養是否均衡了,如膳食纖維太少就添點青菜或菇類、蛋白質不夠就再加顆雞蛋或多挾塊白肉、最後別忘了盛入全穀根莖類的健康主食,那麼營養均衡的便當就完成了。

圖片使用:檸檬咖哩雞柳便當,參照 P.52

／範例說明／
以高蛋白質、低脂肪的檸檬雞柳為主菜、2 份青菜或膳食纖維為副菜、一碗全穀類米飯為主食、最後再加一份雞蛋料理,就是一份多食物、多纖維且營養兼具的瘦身便當了。

[彩虹蔬食概念]

蔬菜天然的五顏六色，舉凡紅的、綠的、黃的甚至紫的，都可以同時出現在瘦身便當裡，讓繽紛的彩虹飲食帶來滿滿朝氣及更多元的營養元素。

圖片使用：泡菜豆腐雞胸肉便當，參照 P.26

／範例說明／
泡菜辣椒及藜麥的紅、四季豆的綠、茄子的紫，道道來自大自然的天然原色組成了一個亮彩炫目的便當，不只為視覺加分，營養攝取也很多元，是個讓人心情愉快的彩虹飲食便當。

[吃當令最自然]

市場裡最多攤販正在販售的食材，大多代表該食材正值產季、正肥美呀，所以跟著買就對了，試著多利用當季食材並以最簡單的調味來料理，讓便當菜色多出現各種當季食材與不同的風情，進而感受來自大地的滋養。

每年 3 月春季正是油菜花的盛產期，市場裡許多菜攤販售著新鮮的油菜花，一朵朵鵝黃色小花朵結在綠色菜葉上，生氣盎然，此時，不妨盡情買回家享用這短暫油菜花季；隨意汆燙後淋上蠔油或香蒜快炒後入便當，就能讓用餐時刻多了一份春天的雀躍心情。

圖片使用：蔬食糙米炒飯便當，參照 P.90

夏季高溫真讓人難耐，有時心情也跟著氣溫浮動與煩燥；正好夏季是苦瓜的產季，苦瓜具有清熱、降火、調節血糖等效果，正適合食欲不振的炙熱季節。除此之外，苦瓜料理也很適合擺入便當，成為替健康料理加分的副菜之一，如不喜歡苦味，則可用鐵湯匙將苦瓜內膜盡量刮除乾淨再入鍋，即可減去不少苦味。

圖片使用：嫩炒秋葵雞胸肉丁便當，參照 P.36

微涼的秋風送爽，正是適合吃透抽的季節，來自大海的鮮甜，只要快速汆燙後沾醬就很好吃，另副菜「醋溜木耳絲」於夏末初秋季節更迭時，也很適合規劃成便當料理，微酸可口、引發食欲，品嚐秋天的美味佳餚，也能清爽又健康。

冬季絕對是吃白蘿蔔的最佳時刻，尤其正處盛產季節，其品質佳、質地細緻，無需太費心挑選就能買到汁多肉甜的白蘿蔔；另刨成絲狀後再與雞胸肉泥一起料理成雞肉餅，讓白蘿蔔的汁液補足雞胸肉易柴的不足，百分百的呈現當令蔬果的鮮美及多元利用。今年冬季，清甜的白蘿蔔滋味不容錯過。

圖片使用：速燙鮮透抽便當，參照 P.56

圖片使用：雙絲雞胸肉餅便當，參照 P.24

[主食不缺席]

近來全穀類主食在健康飲食生活中佔有重要的角色，因全穀將穀粒中最精華的膳食纖維、維生素與礦物質都保留了，不僅提供人體所需的熱量及營養來源，還可延長飽足感及穩定血糖。

建議一開始改變飲食習慣時，以添加少量的穀類與白米一起炊煮為佳（白米、全穀類比例 3：1），待腸胃及口味都習慣了全穀類，再逐步增加全穀類的比例。

／小提醒／

‧胃腸消化功能較弱者，酌量添加全穀類即可，但如果腸胃真的無法適應全穀類飲食，則不建議再勉強食用。

‧米飯的水量及燜煮時間，需視各品牌電鍋或電子鍋的火力而不一，另也可自行調整水量與米飯的比例，以迎合喜愛的米飯口感。

本書慣用的穀類為：糙米、黑米、五穀米、小米、紅白藜麥等，白米與穀類的比例大多為 3：1 或適量添加。米飯與水量的比例為 1：1.1，入鍋炊煮前浸泡約 10 分鐘，炊煮完成時再燜約 15 ～ 20 分鐘即完成。
另薑黃飯則於炊煮前，加入適量薑黃粉拌勻後一起炊煮即可。

／便當保鮮之道／

好擔心做好的便當餿掉？掌握幾個保鮮要點，就可以減少好多擔心。

1. 待飯菜搧涼了再裝入便當盒裡，可防止餘溫將飯菜燜黃或燜壞。
2. 避免將沾過口水或生水的剩食放入便當盒裡，以防菜餚滋生細菌。
3. 洗淨雙手後再持乾淨的筷子、湯匙挾飯菜盛裝便當。
4. 若遇天氣悶熱時，在交通路程上可放置小型保冷劑於便當袋裡保冷。
5. 便當的飯菜如當天早上現做，則中午可冷食或加熱後再享用，如預計隔餐食用，應置於冰箱冷藏，並於食用前充分加熱。
6. 便當冷藏於冰箱時，盡可能在 3 天內食用完畢。

[便當料理擺放技巧]

瘦身便當也能令人垂涎欲滴？！掌握 6 個加分關鍵，即可讓原本無趣的瘦身便當躍身為餐桌上最閃耀的注目焦點。

Tips 1 不爭

主菜顏色較繽紛或多彩時，則其他配菜以單一色為主，讓便當盒看起來較清爽，副菜不搶主菜的丰采，營造便當整體舒服又協調的視覺，就能引發食欲。

／範例說明／
色彩搶眼的「辛香薄鹽鯖魚」霸氣的擺在便當裡時，副菜的選擇即建議以純色系為主，讓目光全部留給豐盛的辛香薄鹽鯖魚。

Tips 2 藏拙

食材的邊邊角角不知道該拿它怎麼辦，這時建議，可將零散的食材擺放在完整食材的下方，讓完整或漂亮的食材來掩蓋，或將食材擺放的角度稍微調整，即可讓便當依然保有美觀，且不浪費食材。

／範例說明／
僅以高麗菜葉捲入預先炒熟的食材後即切塊入便當，因未使用牙籤固定或再沾粉黏合接縫處，所以接縫處較容易散開且不整齊，此時只要將切面朝上、不平整的部份朝底部擺放，即可讓便當一打開映入眼簾的依然保有美觀及美味感。

Tips 3 修剪

部分便當料理經過修剪後再放入便當，將可讓視覺加分，且大小適中也比較好入口。只需留意使用的砧板及刀子需與生食使用的做區分（另備熟食專用），這樣就能安心的將熟食裁切成各式喜歡的樣子了。

／範例說明／
為想呈現肉捲的漂亮切面，特於肉捲稍微擱涼後，取乾淨的熟食專用砧板及刀子，將長條狀的肉捲切至符合便當高度的大小，並將肉捲的切面朝上，一捲捲整齊的垂直擺放，讓打開便當時就會情不自禁的驚呼：「好可愛！」

圖片使用：辛香薄鹽鯖魚便當，參照 P.80

圖片使用：絲絲入扣高麗菜捲便當，參照 P.106

圖片使用：花花肉捲便當，參照 P.86

Tips 4 乾爽	Tips 5 填滿	Tips 6 童趣

放入便當的料理都需盡量將水分瀝乾，但如遇到需保留醬汁的料理，則可另外將醬汁分裝或採用分隔便當盒，這樣一來，就能同時享受「濃郁醬汁」與「清爽口感」了。

／範例說明／

將紅蘿蔔肉餅的肉汁獨立盛於分隔便當，不讓肉汁沾溼副菜或浸泡著米飯，如此一來，便當不止保有清爽口感，也擁有了肉汁拌飯的美味快感。

將便當裡的空間裝滿，除可營造澎湃足量的視覺感，便當飯菜也較不易因路程搖晃而散亂，但如擔心熱量，則可多採用熱量較低的蔬菜類來填滿空間。

／範例說明／

一打開便當「紅蘿蔔樂園便當」時就有滿滿的份量感，除了固定的飯量，便當的其餘空間以大量的青菜或乾爽的主菜來填滿，但需留意是「適當填滿」而不是「使勁塞滿」，如果將便當料理塞的緊緊的，再次加熱時容易受熱不均，且影響食材口感。

善用小工具，將食材製作成可愛的模樣擺入便當，獨出巧思的造型，出現在特別的日子裡傳達心意，或為正在吃便當的家人加油打氣，都很合適。

／範例說明／

以餅乾造型壓模器將紅蘿蔔、板豆腐壓出造型後香煎再擺入高麗菜煎餅便當裡，讓便當立刻變的活潑有朝氣，另一旁的切半的球芽甘藍小巧可愛，也來幫忙加分。

圖片使用：紅蘿蔔肉餅便當，參照 P.126

圖片使用：β 紅蘿蔔樂園便當（毛豆仁焗雞丁），參照 P.74

圖片使用：高麗菜煎餅便當，參照 P.92

［ 料理滋味升級好幫手 ］

感謝廚房角落裡的瓶瓶罐罐們，辛、香、酸、甜，讓瘦身料理一點也不無聊！各式各樣的調味料擺放在廚房的調味料架上，滿滿的、美美的，這讓料理時多了一些安全感，每當突然想幫料理加味或提味時，隨手一伸就能選到合適的調味料，這為烹飪時光增添不少趣味呢！

調味
西班牙紅椒粉：常用來醃雞肉，除可去肉腥味，還可增色，雖説是紅椒，但其實不會有太強烈的辣度。
白胡椒粉、黑胡椒、五香粉、胡椒鹽、義式綜合香料：為食材增加香氣或去腥，另常備有乾燥洋香菜葉為料理點綴裝飾。

辛香
薑黃粉、八角、花椒、草果、咖哩粉、七味粉、孜然等：風味濃烈的各式辛香料能為身體帶來促進新陳代謝的功能，但因味道較為強烈，建議酌量使用、畫龍點睛即可。

油品

橄欖油、酪梨油、椰子油、葵花油、玄米油等：不同的油品可用於不同的料理及火候，建議廚房裡可備幾款好油，於料理時依據當下條件來選擇油品；另風味較明顯的橄欖油、椰子油則視個人喜好適度添加即可。

小提醒：椰子油的飽和脂肪含量頗高，建議適量攝取即可。

愛醬

味噌醬、優格、鹽麴等：可用來醃肉提升肉類質地或豐富口感，建議可多加利用，讓料理方式更多元、更有趣。

美液

米酒、醋、味醂、醬油、醬油膏等：可為食材去腥、加味、增色，不可否認這些美液樣樣不可缺，除了慣用的品牌，建議可多方嚐試不同品牌的調味料；有時同是醬油，但 A 品牌與 B 品牌的口感就有極為明顯的差異，多方嚐試，就能找到喜愛的口味。

掌握瘦身便當的製作祕訣後，
緊接著，就讓我們一起捲起袖子、圍上圍裙，開始料理吧！

Bento Box **1**

保證不柴
低脂雞胸肉便當

低脂高蛋白的雞胸肉，營養價值高且熱量低，
是減重的好幫手，
但大部分的人不愛其乾柴口感，
所以，吃起來不像雞胸肉的雞胸肉食譜誕生了！

鮮甜多汁
雙絲雞胸肉餅便當

將容易乾柴的雞胸肉與清香多汁的白蘿蔔絲、微甜的紅蘿蔔絲及適量蔥花結合後，整體口感協調又順口，不說絕對猜不到這是雞胸肉；蘿蔔盛產時，不妨試試這道雞胸肉蘿蔔絲餅，讓白蘿蔔與雞胸肉以不同的面貌，成為便當裡的美味新菜色。

雞胸肉蘿蔔絲餅

材料（3～4 人份）

白蘿蔔……400g
雞胸肉泥……400g
紅蘿蔔……50g
青蔥……20g
蛋……1 顆

● 醃料
　白胡椒粉……少許
　芝麻香油……1/2 小匙
　鹽……1/4 小匙

● 抓醃白蘿蔔調味料
　鹽……1 大匙

做 法

1 白蘿蔔去皮後刨成絲，加 1 大匙鹽抓勻靜置 10
　分鐘後擠乾水分、紅蘿蔔去皮後刨成絲、青蔥切
　成蔥花、另備一顆雞蛋。

2 將雞胸肉泥加入做法 1 及醃料，以筷子攪拌至
　出現黏性（牽絲狀）為止。

3 將做法 2 整形成手掌心大小的圓扁狀。

4 平底鍋倒入少許食用油，將做法 3 的肉餅放入
　鍋中，並以中小火煎至金黃色。

5 兩面煎至金黃色後，將肉餅直立邊滾邊煎至呈現
　扎實感，或以筷子插入肉餅時滲出透明的肉汁即
　完成。

料理筆記

》雞胸肉泥可使用食物調理機打成肉
　泥，或以刀子剁碎成雞絞肉丁，保
　留雞肉的口感。

》食譜材料份量可做 8 顆成品（每顆
　約重 75g ～ 80g）。

》白蘿蔔絲易焦，全程需留意火候。

嗆辣爽快
泡菜豆腐雞胸肉便當

好喜歡韓式泡菜，喜歡到第一隻寵物（小白兔）的名字都取名為泡菜；但不知道是不是名字的關係，原本該是一隻溫馴的小兔子，個性卻剛烈直接、愛恨分明，就像韓式泡菜一樣，一入口先來份不囉嗦的嗆辣，再細嚼即回饋脆甜的爽快，滋味無窮。

／便當夥伴／

紅藜麥＋糙米＋白米飯 P.17
清炒塔香紫茄 P.164
水炒四季豆 P.141

辣炒泡菜豆腐雞胸肉

材料 (3 人份)

雞胸肉……約 200g
板豆腐……200g
韓式泡菜擠去水分……200g
蒜頭……1 瓣（切成末）

- **醃料**
  鹽……1/4 小匙
  橄欖油……1 小匙
  黑胡椒……少許
- **調味料**
  食用油……少許
  香油……少許

做 法

1 板豆腐切成小丁，並以廚房紙巾拭乾水分，放入不沾平底鍋乾煎至金黃色後起鍋，備用（其他鍋款則以熱鍋熱油香煎）。
2 將雞胸肉切片並加入醃料，拌勻後約醃 15 分鐘，備用。
3 鍋內放入少許食用油，將蒜末炒香後放入做法 2 的雞胸肉，兩面各以中小火煎約 1 分鐘。
4 加入泡菜及做法 1 的板豆腐一起拌炒，炒至雞胸肉片全熟時，加點香油拌勻即完成。

料理筆記

》可加少許韓式泡菜湯汁一起拌炒，整體口感將更濃郁。
》起鍋前可加少許斜切蒜苗，為視覺加分。

嫩煎優格雞胸肉串便當

原以為優格只能冰涼的吃，但試了以優格醃漬雞胸肉料理之後，

才發現酸酸的優格能讓雞胸肉肉質變軟嫩好吃，

且即使隔餐再加熱，其風味也不致失分太多；

因此，毫無疑問的，優格雞胸肉成為貝蒂便當裡的常客。

對了，另外還有一件更棒的是，再也不用擔心冬天冰箱裡的優格吃不完了。

／便當夥伴／

紅藜麥＋糙米＋白米飯 P.17

油炒汆燙青花菜 P.140

水炒高麗菜 P.145

寒天（洋菜）蕃茄炒蛋 P.168

優格雞胸肉串

材料（3 人份）

雞胸肉……2 塊（約 330g）
竹籤……數支

● **醃料**
  原味無糖優格……60g
  鹽……1/4 小匙
  黑胡椒……少許
  紅椒粉……1/4 小匙

● **調味料**
  食用油……少許
  白芝麻……適量

做 法

1 雞胸肉順著紋路切片，並加入全部醃料抓勻後醃 20 分鐘；另也可置於冰箱醃 1 個小時。

2 以竹籤將醃好的雞胸肉一片片串起。

3 取平底鍋以少油、小火將雞胸肉串煎熟（兩面各煎約 2 分鐘）。

4 起鍋前均勻的撒上白芝麻即完成。

料理筆記

》也可用烤箱烤，將肉串好後以攝氏 180 度烤約 20 分鐘即可（各品牌烤箱火力不一，時間請自行斟酌）。

抑鬱退散
迷迭香煎嫩雞胸便當

純粹只想享受單純的雞肉口感及淡雅香氣時，就料理這道「迷迭香烤嫩雞胸」吧！

摘此許新鮮迷迭香一起入鍋烹調，高雅的香草氣味與厚實不誇的雞胸肉正好匹配，

建議當餐享用，立即品嚐美味肉汁，但入了便當也行，

只需於微波加熱時以一張沾濕的廚房紙巾輕輕覆蓋於上，

即稍能減少微波過程中食材水分流失太多。

（照片的琺瑯盒便當不能微波，若需要微波請換適合的便當盒材質！）

／便當夥伴／

香煎板豆腐杏鮑菇 P.147
紅蘿蔔蛋捲 P.161
蒜辣韭菜花 P.136
五穀米＋白米飯 P.17

香煎迷迭香雞胸肉

材料 (2～3人份)

雞胸肉……270g
● **醃料**
　橄欖油……1大匙
　鹽……1/4小匙
　新鮮迷迭香葉……1小株
　黑胡椒……少許

做 法

1 將雞胸肉水平切薄後加入全部醃料，抓
　均後並醃20分鐘。
2 取一平底鍋，不用放油，以中小火將醃
　好的雞胸肉兩面各煎約2分鐘即完成。

料理筆記

》香煎的時間依雞胸肉厚薄而不一。筷子可輕
　易插入雞肉即熟。
》因已用1大匙的橄欖油醃漬雞胸肉，故香煎
　時鍋內可以不用再入油。
》香煎後的雞胸肉當餐享用風味最佳。

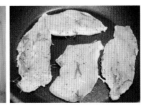

神奇口感
泡菜堅果雞胸肉捲便當

堅果除了擁有一身好油及富含維生素礦物質外，它還有股很神奇的魔力，只要開始吃第一顆堅果時，就會像被施了魔咒一樣，一口接一口的停不下來。

幸好，只要將定量的堅果與雞胸肉捲在一起料理，就可以免於想吃又想停、想停又停不下來的矛盾心情。

泡菜堅果雞胸肉捲

材料（3 人份）

雞胸肉……300g
韓式泡菜……120g（擠掉水分）
綜合堅果……35g
● 調味料
　鹽…少許
　黑胡椒…少許

做 法

1 於雞胸肉的水平 1/2 處劃刀後攤開（不切斷），
　再分別於攤開後的右左兩側水平處再劃刀（不切
　斷），最後全部攤開成一大片的雞胸肉。

2 以肉槌將雞胸肉均勻槌打，讓雞胸肉變薄及面
　積變更大。

3 均勻的平鋪大致切碎的泡菜、搗碎的綜合堅果。

4 灑上少許黑胡椒及鹽後捲起，並以錫箔紙捲成
　條狀，兩邊末端需捲緊。

5 放進預熱好的烤箱，以攝氏 180 度約烤 25 分鐘，
　完成後取出靜置 10 分鐘後即可切塊。

料理筆記

》各品牌泡菜及堅果鹹淡不一，故於鹽
　分的調味上可自行斟酌，另也可使用
　無調味堅果或單一口味的堅果。
》可於攤開的錫箔紙上操作，更省時。
》烘烤時間依各品牌烤箱火力不一，請
　自行斟酌。

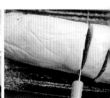

齒頰生香
韭菜雞肉餅便當

「韭菜雞肉餅」貝蒂將它定義為：就是少了麵皮的雞肉鍋貼。

但為了讓雞肉餅更有口感，特別又加了一塊板豆腐，

有了板豆腐當基底，讓香煎後的口感更為紮實飽足，

再加上韭菜的翠綠香氣與雞胸肉的獨特風味兩相烘托後，

色味俱佳、齒頰生香。今天想吃鍋貼但懶的自己包？

那就來份營養又方便的韭菜雞肉餅吧！

/便當夥伴/

蒜炒甜豆 P.138
蝦花蝦娃娃菜 P.146
紅蘿蔔蛋捲 P.161
五穀米 + 藜麥 + 白米飯 P.17

韭菜雞胸肉餅

材料（3人份）

雞胸肉……180g
韭菜……60g
板豆腐……100g

● 調味料
  米酒……1 小匙
  鹽……1/2 小匙
  香油……1/4 小匙
  黑胡椒……少許

做 法

1 雞胸肉切成小丁、韭菜切成末、板豆腐以手捏碎，
  備用。

2 將做法 1 加入全部調味料後攪拌至出現黏性，並
  大致劃分成 6 等份。

3 取一等份的做法 2，並整形成手掌心大小的肉餅。

4 取一平底鍋，鍋內放少許食用油（份量外），將
  油搖勻後放入做法 3，以中小火香煎。

5 第一面下鍋時不急著翻面，待底部呈金黃色且定
  型後再翻第二面續煎，煎熟即完成。

料理筆記

》 將筷子插入肉餅約 5 秒，取出
  時肉餅流出透明肉汁、且筷子
  有溫熱感即完成。
》 起鍋後靜置約 5 分鐘，讓肉汁
  回流後再享用將更美味。

嫩炒秋葵雞胸肉丁便當

要減少雞胸肉乾柴的口感方式有許多，其中將秋葵切妥後與雞胸肉一起拌炒，讓秋葵的黏液巴在雞胸肉上，一入口就會滑嫩的錯覺，這絕對是一個立竿見影的方式。

但其實秋葵的營養成分還真不容小覷，其料理方式也很多元方便，無論是汆燙、炒蛋或是像這道「秋葵炒雞胸肉丁」都很適合放入便當，為便當的營養價值再加分。

／便當夥伴／

黑米＋白米飯 P.17
椰香芝麻蛋捲 P.152
豆豉苦瓜 P.144

秋葵炒雞胸肉丁

材料（2 人份）

雞胸肉……250g
秋葵…100g/ 辣椒……1 支
蒜頭……1 瓣

● 醃料
　鹽……1/4 小匙
　黑胡椒……少許
　水……1 大匙

● 調味料
　水……20ml
　鹽……少許 （視口味添加）
　食用油……少許

做 法

1 雞胸肉切小塊、秋葵切小丁、辣椒切小
　段、蒜頭切末，備用。

2 做法 1 的雞胸肉加入全部的醃料，並充
　分抓拌至水分被雞胸肉吸收後，靜置醃約
　20 分鐘。

3 起熱鍋，以少油中小火將做法 2 香煎至 8
　分熟，起鍋備用。

4 原鍋加入少許食用油，將辣椒、蒜末炒
　香。

5 加入秋葵及少許水分，炒出香氣。

6 加入做法 3 的雞胸肉，全部一起拌炒至
　雞胸肉全熟即完成。

料理筆記

》鹽分可滲透肉質讓水分進入肉裡，進而軟化肉
　質，另將水分抓拌至雞肉吸收，也可讓雞肉吃
　起來多汁。
》起鍋前可試味道，如不夠鹹再加約 1/8 小匙的
　鹽巴即可。
》秋葵抹點鹽輕輕搓揉後沖洗，可去除細小絨毛
　讓口感更細緻。

冷吃熱食皆宜
蔬菜雞胸肉餛飩便當

看似費工的雞胸肉餛飩其實一點也不麻煩；
全程不需要花時間捏出漂亮的皺褶，
只需留意將包好的餛飩捏緊即可，滾煮至浮上水面就完成了，
另因為採用低脂雞絞肉取代豬絞肉，
再加入爽脆清甜的大白菜為餡料，
所以冷冷吃也不覺得膩口，很適合想吃冷便當或清淡口味的時刻。

／便當夥伴／

乾煎雙菇 P.167
水煮 Q 蛋 P.159
油炒汆燙青花菜 P.140

蔬菜雞胸肉餛飩

材料（約可做 20 個）

雞胸肉……200g
大白菜……300g
紅蘿蔔……50g

- **調味料**
  鹽……1/2 小匙
  醬油……1/2 小匙
  黑胡椒……少許
  香油……1/4 小匙
  白胡椒粉……少許

料理筆記

》做法 6 可讓底部熱蒸氣吹散，
免於底部的餛飩皮太過濕軟。

做 法

1 將雞胸肉切成小丁、紅蘿蔔刨成絲，備用。
2 大白菜切碎加上 1.5 大匙（份量外）的鹽抓醃後靜置 10 分鐘，
擠出水分備用。
3 將做法 1、2 加入全部調味料後，以筷子攪拌至肉餡出現黏性。
4 舀一小匙做法 3（約 20g）放於餛飩皮中央，將餛飩皮邊緣沾
點水，對角黏合並捏緊。
5 起一大鍋水（水量可蓋過食材再多一些），水滾後將餛飩下鍋
以中火滾煮約 2 分鐘後撈起鍋。
6 將做法 5 分別攤平於濾油盤上放涼，全涼後即可裝入便當。

酸甜口感
雞胸肉串烤便當

好想念在海島國家度假時的沙灘串烤晚餐啊，醃了醬料的各式肉類被一串串的串起，中間還穿插著當地盛產水果，水果與肉一起入口很解膩，很過癮。

其實，便當料理偶爾也可以來點度假風情，雖然人在工作場所或校園裡吃著便當，但有了熱情的水果雞肉串相伴，讓用餐時光放鬆許多，就一邊吃著，一邊期待著下一回的美好旅行吧！

/便當夥伴/

椰香芝麻蛋捲 P.152
快炒西洋芹 P.142
義式香料紅蘿蔔絲 P.165
黑米＋白米＋五穀米飯 P.17

鳳梨雞肉串

材料 (2人份)

雞胸肉……200g
新鮮鳳梨切塊……100g
白芝麻……少許
竹籤……數支

- **醃料**
  水……1大匙
  鹽……1/4小匙
  橄欖油……1小匙
  黑胡椒……少許

- **烤醬**
  醬油……1大匙
  蜂蜜……1/2小匙
  蒜泥……1/4小匙
  薑泥……1/8小匙

（料理筆記）

》烘烤時間依各品牌烤箱火力而
不一，可自行斟酌增減時間。

做 法

1. 將雞胸肉切塊後加入全部醃料，按抓至醃料大
   致被雞胸肉吸收為止，並靜置醃10分鐘。
2. 持竹籤將做法1及鳳梨塊串成串，並以刷子塗
   上烤醬。
3. 烤架上塗上一層薄薄的食用油（份量外）後擺
   上做法2。
4. 烤箱以攝氏200度預熱完成後放入做法3，烤
   15分鐘後取出，再塗一次烤醬、撒上白芝麻後，
   放進烤箱回烤5分鐘即完成。

唐辛子雞肉丸子便當

這道料理成功的小祕訣在於雞胸肉需以食物調理機盡量打碎，讓雞絞肉將餡料緊緊地巴住，下鍋後就不容易散開，如果手邊沒有食物調理機，則建議以刀先切細碎再剁成泥狀即可，又另如果手邊也沒有七味唐辛子，那麼就隨心加入喜愛的調味料吧！

料理本該不受限，偶爾來場隨意發揮、恣意下廚時光，說不定會端出一道值得驕傲的私房料理呢！

／便當夥伴／

義式香料紅蘿蔔絲 P.165
水炒四季豆 P.141
咖哩蘑菇 P.163
黑米＋五穀米＋白米飯 P.17

唐辛子雞肉丸子

材料（3人份）

- 材料 A
  洋蔥切丁……1/4 顆（約 70g）
- 材料 B
  雞絞肉……200g
  韭菜切細……40g
  板豆腐捏碎……100g
  真空金針菇……半包切碎
  雞蛋……1 顆
- 調味料 A
  鹽……1/2 小匙
  醬油……1/2 小匙
  香油……1/4 小匙
  黑胡椒……少許
- 調味料 B
  食用油……少許
  七味唐辛子辣椒粉……適量（亦可省略）

做法

1. 材料 A 入鍋以少油、中小火炒至焦糖色起鍋備用。
2. 將做法 1 加入材料 B 及調味料 A，攪拌至出現黏性，備用。
3. 起一鍋水（水量可蓋過食材再多一些），同時取一糰做法 2 整形成手掌心大小的肉丸子，水滾後入鍋滾煮約 5～6 分鐘撈起鍋，瀝乾水分備用。
4. 取一平底鍋加入少許油，以中小火將做法 3 快速的煎香即可關爐火，起鍋前撒入些許的七味唐辛子辣椒粉即完成。

 料理筆記

》 雞胸肉以食物調理機打碎，或以刀切小塊後再剁至出現黏性、板豆腐以手仔細捏碎，成品將較結實有彈性。
》 另可全程以少油中小火煎至全熟，風味也很棒。

Bento Box **2**

貌似清爽美味加倍便當

不想再吃燙青菜、水煮肉等清淡無味的減重餐？
快樂又能長久持續的減重飲食祕訣是：
低卡與美味同時存在！

鮮甜爽口
香菇鑲豆腐蝦便當

鮮香菇與很多食材都變合的來，其中特別喜歡將香菇鑲上喜歡的食材，舉凡絞肉、蝦泥、豆腐等都很適合放在香菇上或蒸或炸；追求健康低熱量的飲食，當然以清蒸為首要選擇，只要將蝦仁以刀背壓碎再隨意剁碎，拌入其他食材與調味料，再輕輕地鑲在香菇上，清蒸後，就是一道爽口鮮甜的佳餚，盛盤時再做點裝飾，看起來就像一道很厲害的宴客菜呢！

香菇鑲豆腐蝦

材料（2 人份）

去腸泥蝦仁……170g
鮮香菇……6 朵（共 90g）
紅蘿蔔……30g
板豆腐……100g

● 調味料
　醬油……2 小匙
　紅椒粉……1/8 小匙
　橄欖油……1 小匙
　黑胡椒……少許
　鹽……1/4 小匙

做 法

1 將蝦仁去腸泥後，以 1 大匙太白粉及少許鹽（皆份量外）輕輕搓揉後沖水洗淨，以刀背將洗淨的蝦仁壓扁後再大致切碎，備用。

2 紅蘿蔔刨成絲、板豆腐捏碎，備用。

3 將做法 1 及做法 2 加入調味料後全部攪拌至黏稠狀，並大致分成 6 等份。

4 鮮香菇去了蒂頭之後，取一等份做法 3 鑲於香菇上，並以手輕壓成半圓狀。

5 將做法 4 放入電鍋蒸煮（外鍋約 1 杯水），待電鍋開關跳起即完成。

口感升級
鮪魚煎餅便當

海底雞，是魚還是雞？真是令人難以分辨，但其實海底雞就是鮪魚，根本不是雞啊！
實在是因為咀嚼起來的口感真的很像雞肉，才會讓人混淆不清；
但先不管是魚是雞了，試著將罐頭裡的鮪魚做成煎餅，
讓內餡的洋蔥丁、玉米粒及調味料等，
將單吃很枯燥的鮪魚罐頭搖身一變，成為華麗的雞肉煎餅，
哦不，是鮪魚煎餅才對呀！

／便當夥伴／

蔥花蛋捲 P.157
蒜炒清脆小黃瓜 P.143
醋溜木耳紅蘿蔔絲 P.164
五穀米 + 白米飯 P.17

鮪魚煎餅

材料 (3 人份)

水煮鮪魚（去水分）……90g
玉米粒……50g
洋蔥……1/8 顆（40g）
板豆腐……100g
雞蛋……1 顆
- **醃料**
  麵粉……1 大匙
  鹽……1/4 小匙
  香油……1/4 小匙
  黑胡椒……少許
  白胡椒粉……少許
- **調味料**
  食用油……少許

做法

1 水煮鮪魚擠乾水分、玉米粒瀝掉水分、洋蔥及
   板豆腐切小丁、備用。
2 將做法 1 加入雞蛋及醃料後，攪拌均勻。
3 以手大致將做法 2 劃分成四等份。
4 將做法 3 的每一等份整形成一個圓扁型（同時
   再瀝掉多餘水分）。
5 取一平底鍋，少油、中小火將做法 4 煎至金黃
   色即完成。

 料理筆記

》翻面時可一手持鍋鏟一手持筷
   子輔助翻面。
》剛下鍋時不急著翻面，待第一
   面煎至金黃色且定型後再翻第
   二面續煎。

滋味溫潤
嫩烤鹽麴鮭魚便當

「鹽麴」是以米麴、鹽、水混合發酵後的調味料，本以為與酒釀很像，但其實鹽麴的味道溫潤、鹹度低，而且沒有酒氣味，不會與食材搶味；用來料理時可取代鹽巴，用來醃肉則可分解蛋白質軟化肉質，可以說是料理好幫手！

／便當夥伴／

烤鹽麴嫩鮭魚

材料（2 人份）

鮭魚……180g
紅洋蔥……70g
● 調味料
　鹽麴……1 大匙
　鹽……少許
　黑胡椒……少許

做　法

1. 鮭魚洗淨，以廚房紙巾將水分拭乾。
2. 將鹽麴均勻的抹在鮭魚上，並以保鮮膜密封後置於冰箱醃漬 1 天（24 小時）。
3. 將醃漬好的鮭魚以水快速的沖洗一次後擦乾水分（也可不沖洗）。
4. 鋪上洋蔥丁、撒入少許黑胡椒、少許鹽即可放入以攝氏 220 度預熱完成的烤箱，烤約 20 分鐘即完成。

料理筆記

》 鹽麴很容易烤焦，如烘烤前未將鮭魚上的鹽麴沖洗或擦拭，則需多留心烘烤狀況。
》 烘烤時間依各品牌烤箱火力而不一，請自行斟酌。

微酸清香
檸檬咖哩雞柳便當

「檸檬咖哩雞柳」很適合出現在夏季便當裡；

炎炎夏日，食欲經常被炙熱的氣候給影響，老是提不起筷子，

正好夏季是檸檬的盛產期，就以檸檬來入菜吧！

讓檸檬的微酸清香，為料理注入無負擔的清新口感，就像夏日的午后，

一陣微風突然迎面吹拂而來，當下的心情是多麼的舒爽、多麼的沁涼。

檸檬咖哩雞柳

材料(2 人份)

雞柳……6 條（250g）
檸檬……1/2 顆（一半擠汁醃肉、另一
半盛盤後刨檸檬皮及淋汁）

- **醃料**
  無糖優格……2 大匙
  橄欖油……1 小匙
  咖哩粉……1/2 小匙
  紅椒粉……1/4 小匙
  鹽……1/4 小匙
  黑胡椒……少許
  檸檬汁……適量（酸度依個人喜好）
- **調味料**
  食用油……少許

做 法

1 將材料加上全部醃料，抓醃後靜置醃 20 分鐘。
2 取一平底鍋，以少油、中小火將做法 1 放入鍋
　內，兩面各煎約 2 分鐘。
3 煎至兩面都呈漂亮的金黃色，且筷子可以輕易
　插入雞柳中即熟。
4 盛盤後擠些檸檬汁及刨入些許檸檬皮屑裝飾即
　完成。

料理筆記

》 煎雞柳的時間依雞柳厚薄不一，
　香煎時間請參考做法 3。
》 檸檬皮可加可不加，另也可於起
　鍋後再擠點檸檬汁增添風味。
》 刨檸檬皮時避免刨到裡層的白色
　肉，口感將會較佳且不易苦澀。

無油煙蝦仁紅蘿蔔便當

總有不想做便當的時刻，每當對廚房事務感倦怠或抽不出空下廚時，

貝蒂就會料理這道「無油煙紅蘿蔔蝦仁」，全程不用另起油鍋，不用切蒜搗薑，

只要起一鍋滾水依序將食材汆燙，起鍋後再拌入各式喜愛的調味料，不花任何功夫，

就完成一道清爽不油膩的美味料理了，

今天起，就跟貝蒂一起將它列為清爽又省時的必備食譜吧！

／便當夥伴／

蒜炒菠菜 P.137
椰香芝麻蛋捲 P.152
五穀米＋紅藜麥＋白米飯 P.17

54

無油煙蝦仁紅蘿蔔

材料 (3 人份)

蝦仁（去腸泥）……280g
紅蘿蔔……150g

- 調味料 A
  太白粉……1 大匙
  鹽……1 小匙
- 調味料 B
  米酒……1 大匙
- 調味料 C
  義大利綜合香料……適量
  橄欖油……2 小匙
  鹽……少許

做 法

1 去腸泥的蝦仁開背、紅蘿蔔切滾刀塊，備用。
2 做法 1 的蝦仁加入調味料 A，抓按後洗淨（反覆約 2 次），備用。
3 起一大鍋水（水量可蓋過食材再多一點），水滾後放入紅蘿蔔，以中火滾煮約 4 分鐘。
4 放入做法 2、調味料 B，蝦仁燙紅後立即與紅蘿蔔一起撈起鍋。
5 加入調味料 C，攪拌均勻即可。

 料理筆記

》將蝦仁以太白粉及鹽反覆搓揉後洗淨，可洗淖蝦仁的黏液及去除腥味。

好海味
速燙鮮透抽便當

透抽很容易料理，去了內臟、抽掉透明軟骨後輪切，再以極短的時間汆燙，起鍋後立刻冰鎮即完成；

入便當時，如能再調製一份五味醬沾著吃，讓滿滿的鮮味與醬料在口中融合的不分你我，頗能振奮人心。

當然，以市售五味醬也很合宜，輕鬆又快速，畢竟「速燙鮮透抽便當」可是被定位為悠閒的海洋風便當呢！

速燙鮮透抽

材料(2 人份)

中小型透抽……2 隻（共約 330g）
老薑片……10g

- **調味料**
  米酒……1 大匙
- **冰鎮材料**
  水……適量（可蓋過透抽的水量）
  冰塊……少許
  檸檬……半顆（切片）

做 法

1 透抽去除內臟洗淨後輪切（寬約 1cm），老薑切片、檸檬切片，備用。

2 起一大鍋水（水量可蓋過食材再多一點），放入老薑片，煮滾後加入一匙米酒即關爐火。

3 將切妥的透抽放入熱水中，拌開後汆燙約 40 秒即撈起鍋。

4 做法 3 起鍋後，立刻放入冰鎮材料中冰鎮，冰鎮後瀝乾水分即完成。

料理筆記

》 做法 4 的檸檬片可讓透抽保持清香、鮮白且去腥。
》 享用前佐以五味醬風味最佳。

低脂蒜香
蝦仁 Q 串烤便當

有時想給家人一個打開便當的美味驚喜時，就會串上幾串新鮮蝦仁，烤妥後整齊的擺入便當裡，無論是視覺或口味，都很適合想要幫家人加油打氣的時刻。

動點小心思，不用花太多的料理時間，就能讓手中的便當不只是個便當，也能是一個傳遞心情的最佳媒介。

／便當夥伴／

燙秋葵 P.135
毛豆蛋捲 P.154
蒜炒高麗菜嬰鴻禧菇 P.144
五穀米＋白米飯 P.17

蒜香蝦仁 Q 串烤

材料 (2 人份)

去腸泥蝦仁……24 尾（約 160g）
蒜末……6g
竹籤……數支

- **調味料 A**
  太白粉……1 大匙
  鹽……1/8 小匙
- **調味料 B**
  鹽……1/8 小匙
  米酒……1/2 小匙
  黑胡椒……少許
  橄欖油……1 小匙
- **調味料 C**
  乾燥洋香菜葉（可省略）

做法

1. 蝦仁加入調味料 A，輕輕搓揉後沖水洗淨，備用。
2. 將做法 1 加入調味料 B 及蒜末，抓勻後靜置醃 10 分鐘。
3. 將做法 2 以竹籤串起，放在烤架上（烤架塗上一層份量外食用油）。
4. 烤箱以攝氏 200 度預熱完成後，烤約 10 分鐘，出爐後撒上些許乾燥洋香菜葉點綴即完成。

料理筆記

》 做法 1 可以使蝦仁白淨，口感也會較脆彈。
》 烘烤的時間不宜過久，以保蝦仁的鮮嫩口感。

多層次口感
蒜片蝦球便當

冷凍蝦仁是忙碌生活的料理好幫手，
只要提前解凍就可以完成多項低脂又健康的美味佳餚。
如果有足夠的時間，還可以取竹籤串成串擺入便當，
但如果料理時間不足，就以蒜片、辣椒等材料快速拌炒後放入便當，
成為一道振奮人心的華麗菜色，
也是很棒的料理方式。

蒜片蝦球

材料 (2～3 人份)

去腸泥蝦仁……40 尾（約 280g）
蒜頭……3 瓣
辣椒……1 支

- **調味料 A**
  太白粉……1 大匙
  鹽……1 小匙

- **調味料 B**
  食用油……少許
  米酒……1 小匙

- **醃料**
  蛋白……1 顆
  鹽……1/2 小匙
  黑胡椒……少許

做 法

1. 蝦仁去腸泥後加入調味料 A，輕輕搓揉後沖水洗淨並開背（蝦仁背上劃一刀，但不劃斷），加入醃料抓勻，備用。
2. 蒜頭切片、辣椒去籽切末，備用。
3. 鍋內放入少許食用油，加入蒜片、辣椒末（取一半），以中小火炒至蒜片呈金黃色且飄出香氣。
4. 加入做法 1、米酒，拌炒至蝦仁半熟時加入剩餘的辣椒末。
5. 炒至蝦仁全部變紅色即完成。

 料理筆記

》 將蝦仁以太白粉及鹽反覆搓揉後洗淨，可洗淖蝦仁的黏液及去除腥味。
》 辣椒也可不去籽、不分次，於做法 3 時全部下鍋拌炒。
》 蒜片容易焦，焦了會產生苦味，需留意火候。

振奮心與胃
肉片捲蘆筍便當

想為吃便當的家人來點精神上的鼓舞時，就料理蘆筍肉捲吧！

將綠色的蘆筍、紅色的紅蘿蔔以及白色的杏鮑菇，全部一起捲入豬肉片裡，

起鍋後切開，白的、綠的及紅的呈現於眼前，看了心情都飛揚了，

如果還不夠振奮人心，那麼就再來 2 朵以煎蛋捲成的浪漫玫瑰花，

獻給吃便當的家人，也獻給辛苦下廚的自己。

蘆筍肉捲

材料 <small>(3 人份)</small>

火鍋肉片（梅花豬肉）……1 盒（200g）
蘆筍……6 根（共 70g）
紅蘿蔔……70g
杏鮑菇……60g
白芝麻……少許

● 調味料（調成一碗）
　米酒……2 小匙
　味醂……1 大匙
　醬油……1 大匙
　糖……1/2 小匙
　薑泥……1/4 小匙
　香油……1/4 小匙
　鹽……1/8 小匙

做 法

1 蘆筍、紅蘿蔔、杏鮑菇切段（齊長）
　備用。

2 起一鍋水，水滾後加少許鹽（份量
　外），並將紅蘿蔔汆燙 3 分鐘後加
　入蘆筍一起汆燙 30 秒，撈起鍋備
　用。

3 將火鍋肉片攤開，依序放上杏鮑菇、
　汆燙過的紅蘿蔔及蘆筍後捲起。

4 取一平底鍋，以少油將做法 3 放入
　鍋中（黏接處朝鍋底先煎），小火
　慢煎 2 分鐘。

5 第一面煎定型後，再將各面翻煎至
　肉色變白。

6 淋上調味料，以中火煮至收汁後起
　鍋，擺盤後撒上白芝麻點綴即完成。

塔香檸檬鯛魚片便當

市售去皮、去魚骨的鯛魚片真是省時料理的好夥伴，無論是香煎、紅燒或清蒸，都可以在短時間內新鮮上桌。對於便當菜，「香煎」則是很合適的料理方向，但如果擔心鯛魚的土味，可佐些許香氣濃郁的九層塔及檸檬汁，讓鯛魚少了土味、多點美味，清爽可口，是一道很適合炎熱的夏季或初秋特別想吃魚料理的季節。

／便當夥伴／

玉米炒蛋 P.162
義式香料紅蘿蔔絲 P.165
蒜辣水蓮 P.141
黑米＋白米＋五穀米飯 P.17

64

塔香檸檬鯛魚片

材料（2 人份）

鯛魚片……2 片（180g）
九層塔葉（切成末）……5g
檸檬……1/4 顆
● 調味料
　鹽……少許
　食用油……少許
　山葵胡椒鹽……少許（可省略）

做 法

1 鯛魚片抹上少許鹽靜置醃 10 分鐘，醃好後以廚房紙巾拭乾水分。

2 鍋內放入少許食用油，以中小火將做法 1 入鍋煎至鯛魚外圍的肉色暈白後，翻面續煎約 1 分鐘。

3 鍋邊熗點米酒，蓋上鍋蓋，燜煎約 1～2 分鐘。

4 開蓋，筷子可輕易插入最厚的魚肉即關爐火。

5 撒入山葵胡椒鹽、九層塔末，利用鍋子的餘溫，讓山葵椒鹽及九層塔產生香氣即可起鍋，享用前擠點檸檬汁增添風味。

料理筆記

》 香煎的時間依鯛魚片的厚度而異，建議可將做法 4 插入魚肉（約 5 秒）後取出的筷子輕放至嘴唇，如果感覺溫熱，即代表魚肉的內部熟了。

》 建議使用木質筷子，以避免燙傷嘴唇。

Bento Box **3**

好浮誇吸睛便當

便當盒一打開，
就聽到旁人的讚嘆聲！
便當不只要長得漂亮吸引目光，
內在營養也絲毫不能馬虎。

香嫩順口
優格咖哩嫩雞柳便當

香嫩順口的「優格咖哩雞柳」是貝蒂很喜愛的主菜之一，沾著淡淡咖哩香氣及肉質很討喜的雞柳每每一端上桌，必能得到家人的讚賞；其烹調的方式也很簡易，只要將雞柳醃漬片刻後香煎，盛盤時再撒上乾燥洋香菜葉點綴即完成；一道很平易近人的料理，家人又捧場，自然成了經常出現在便當裡的美味常客。

優格咖哩嫩雞柳

材料 (2 人份)

雞里肌⋯⋯6 小條（約 260g）
● **醃料**
　無糖原味優格⋯⋯1 大匙
　咖哩粉⋯⋯1/2 小匙
　鹽⋯⋯1/4 小匙
　米酒⋯⋯1 小匙
　黑胡椒⋯⋯少許
● **調味料**
　乾燥洋香菜葉⋯⋯少許（可省略）

做 法

1　雞里肌洗淨後加上全部醃料，抓勻後靜置醃 10 分鐘。
2　起熱鍋，以少油（份量外）中小火將做法 1 的雞里肌入鍋，兩面各煎約 2 分鐘。
3　待筷子可輕易插穿雞里肌即代表熟了，起鍋後撒上調味料即完成。

> **料理筆記**
>
> 》優格有很佳的軟化肉質效果，且不會留有優格的味道在肉品上，可以放心用來醃雞肉。

蝶豆花藜麥飯（蝶豆花孕婦不宜食用）

● **材料 A**
　白米⋯⋯9/10 杯
　藜麥（或小米）⋯⋯1/10 杯
● **材料 B**
　乾燥蝶豆花⋯⋯5g（隨喜好）
　溫熱水⋯⋯200cc，沖泡成 1 杯（量米杯）蝶豆花水（取出蝶豆花）。

● **做法**
材料 A 洗淨後將水瀝乾，倒入材料 B 的蝶豆花水並浸泡 10 分鐘後入電子鍋炊煮，炊煮完畢時再燜 15 分鐘即完成（蝶豆花水與米飯的比例為 1:1）。

彩色丁丁便當

將食材切丁後整齊的擺入便當，

讓吃著「彩色丁丁便當」的家人不止視覺上享受了，煩悶的心情也被療癒了；

每道丁丁料理都保有著食材本身的特色，

一道一道享用好，全部拌在一起入口更好，

期許便當裡滿滿的營養與料理者的心意，都能一丁點不漏的傳達給最愛的家人。

／便當夥伴／

炒蛋鬆 P.153
豆豉韭菜花 P.142
煸蒜香豆干丁 P.163
五穀米 + 白米飯 P.17

四季豆炒肉

材料 (3 人份)

四季豆……1 把（約 150g）
低脂豬絞肉……300g
蒜頭……3 瓣

● 調味料
　食用油……少許
　米酒……1 大匙
　鹽……1/8 小匙
　醬油……1.5 大匙

做 法

1 四季豆洗淨去頭尾粗絲後切成小丁、蒜頭切末，備用。
2 起熱鍋，將蒜末以少油中小火炒香。
3 加入豬絞肉，熗點米酒並將絞肉炒至肉色變白。
4 加入醬油，將絞肉炒至焦香及上醬色。
5 加入四季豆，炒軟，並放入鹽調味後即完成。

 料理筆記

》 全程以中小火將絞肉煸香後再加入四季豆拌炒，是這道料理美味的祕訣。

滑口肉片雙色飯便當

「木瓜籽」也能醃肉？可以的！不只能醃肉，還能讓肉質變的軟嫩好入口，這全因木瓜籽的天然酵素幫了大忙，但因為軟化肉質的效果實在太顯著，所以醃肉的時間不宜過久，免得失去「肉」該有的口感及咬勁。似乎很多事就是這麼一回事，太用力、太求好心切反而不成，就像貝蒂第一次用木瓜籽醃肉時，一口氣貪心的醃了 2 個多小時，導致肉不像肉，反而像一種軟趴趴的食品，啼笑皆非。

／便當夥伴／

焗蒜香辣豆干 P.163
菠菜束 P.139
玉米炒蛋 P.162
薑黃飯 + 蝶豆花飯 P.17、P.69

72

汆燙滑口肉片

材料 (3 人份)

豬里肌肉片（薄片）……240g

● **醃料**
　　木瓜籽……20g
　　鹽……1/8 小匙
　　醬油……2 小匙
　　胡椒粉……少許
　　黑胡椒粉……少許
　　米酒……2 小匙
　　香油……1/4 小匙

● **汆燙材料**
　　老薑片……10g
　　蒜苗……30g
　　鹽……1/2 小匙

做 法

1 將豬里肌肉片加上全部醃料並抓勻。

2 將做法 1 放入保鮮袋或拉鍊袋後，放置冰箱醃 1 小時。

3 起一大鍋水（水量可蓋過食材再多一點），加入汆燙
　材料。

4 水滾後，逐片將肉片下鍋涮至肉色變白即完成。

料理筆記

》木瓜籽的酵素可分解肉類蛋白質，
使其軟嫩，但醃漬的時間不宜過
久，以避免肉質變的軟爛口感反而
不佳。

》逐片汆燙肉片可讓每片肉片熟度一
致。

 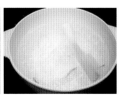  

ß 紅蘿蔔樂園便當

這是為了不喜歡吃紅蘿蔔的女兒而製作的便當，

雖然便當裡的毛豆仁還需要很大的努力，才能讓挑食的小嘴買單，

但至少營養的紅蘿蔔藜麥飯讓女兒喜愛，已是很大的進步了，

也或許是造型紅蘿蔔片深得兒童的心，才會吃得如此開心吧？

另毛豆仁及雞胸肉煸炒後的口感愈嚼愈香，很適合喜歡咀嚼雞肉口感的先生，

一個小小的便當，大大的滿足了兩位最愛家人。

／便當夥伴／

水炒高麗菜 P.145
蛋皮絲絲 P.158
紅蘿蔔藜麥白米飯 P.75

毛豆仁焗雞丁

材料（3 人份）

雞肉丁……300g
熟毛豆仁……70g
辣椒……5g
蒜頭……1 瓣

● 醃料
　橄欖油……1 大匙
　鹽……1/4 小匙
　水……1 大匙

● 調味料
　食用油……少許
　鹽……1/8 小匙

做法

1. 雞肉切丁、生毛豆仁燙熟（滾水煮 5 分鐘）、蒜頭切末、辣椒斜切，備用。
2. 將雞肉丁加入全部醃料，抓醃後靜置 10 分鐘。
3. 取一平底鍋，以少油中小火將蒜末、辣椒炒出香氣。
4. 加入熟毛豆仁，炒香。
5. 將做法 3 及做法 4 撥至鍋邊，騰出的空間放入做法 2 香煎。
6. 做法 5 煎至肉色變白時加入鹽巴調味，全部一起拌炒。
7. 雞肉丁煎至焦香，且筷子可輕易插穿雞肉丁即完成。

> **料理筆記**
>
> 》食譜裡用的是雞胸肉切丁，如果擔心乾柴口感，可改用去皮雞腿肉切丁。
> 》雞肉丁較厚，需以中小火慢慢煎熟，當筷子可輕易插穿雞肉時，仍可剝開其中一塊較厚的雞肉丁，確認熟度。

紅蘿蔔藜麥飯

材料（2 人份）

白米……1 杯
藜麥……1/10 杯
水……1 又 2/10 杯
椰子油……1/2 小匙
紅蘿蔔……80g
（ 紅蘿蔔泥……20g／紅蘿蔔刨成絲 ……30g／紅蘿蔔以愛心壓模切片……30g）

做法

1. 將白米與藜麥一起洗淨後，加入椰子油、水量、紅蘿蔔泥、紅蘿蔔絲，全部攪拌均勻後再擺上紅蘿蔔愛心切片。
2. 將做法 1 靜置 10 分鐘後放入電子鍋炊煮。
3. 煮好後續燜 20 分鐘，開蓋時取出紅蘿蔔愛心切片後，以飯匙將米飯翻勻即完成。

朝氣千條便當

很多料理的小細節看似繁瑣，但其實只要掌握食材的特性，自然而然就會採取些許手段來應付，例如雞胸肉遇到滾水，肉質一緊縮就較易乾柴？那麼就在水沸騰後就加點冷開水降溫後再入鍋。

起鍋後，又擔心著餘溫繼續熟化雞胸肉使肉質太老？那麼就放入冰水中幫忙冰鎮降溫。

對面食材時，試著先了解、再料理，就能事半功倍。

水煮嫩雞絲

材料 (2 人份)

雞胸肉……1 個（180g）
老薑片……8g
冷開水……500ml
冰水……1 小盆（可蓋過雞胸肉的水量）

● 醃料
　蛋白……1 顆
　鹽……1/4 小匙
　水……1 大匙

● 調味料
　米酒……1 大匙

做 法

1 雞胸肉水平切薄，加入醃料抓醃後靜置 10 分鐘，備用。
2 起一大鍋水（水量可蓋過食材再多一些），水滾後加入薑片、米酒。
3 做法 2 飄出香氣後，加 500ml 的冷開水降溫。
4 放入做法 1，爐火轉成小火（瓦斯爐正中央的小火），蓋上鍋蓋燜煮 5 分鐘。
5 將撈起鍋的做法 4 立刻放入冰水中冰鎮，冷卻後將雞胸肉順紋手撕成絲狀即完成。

料理筆記

》做法 3 可讓水溫稍微降低，以避免雞胸肉一遇到滾沸水而一下子肉質緊縮，影響熱能滲透至雞胸肉中心。
》雞胸肉如果太厚，需水平切薄後再料理。

元氣滿點
鵪鶉蛋肉丸子便當

肉丸子就肉丸子,為什麼還要塞顆鵪鶉蛋在裡面?
其實,這就是讓便當料理變有趣、增加元氣的關鍵呀,
只要將平常看似普通的食材做創意組合,料理成一道可愛的便當菜色,
在辛苦工作或上課大半天後,一打開便當盒就看到可愛的鵪鶉蛋料理,
它們似乎在說著「Hello,早上辛苦了唷!」頓時疲累感必定少了一大半。
明天要嚐試將什麼樣的可愛食材塞在肉丸子裡呢?

／便當夥伴／

岩燒海苔蛋捲 P.160
檸香球芽甘藍 P.143
蒜炒豌豆嬰 P.137
糙米飯 P.17

焗烤鵪鶉蛋肉丸子

材料（材料可做 10 顆）

低脂豬絞肉……320g
鵪鶉蛋（鳥蛋）……10 顆
板豆腐……200g
蔥花……10g

● 調味料 A
　米酒……1 大匙
　醬油……1 大匙
　鹽……1/2 小匙
　蒜泥……1/4 小匙
　胡椒粉……少許
　香油……1/2 小匙

● 調味料 B
　蛋液……適量
　乳酪絲……適量

做 法

1 將豬絞肉、板豆腐（捏碎）、蔥花，加入調味料 A，全部
　一起攪拌至出現黏性。

2 將做法 1 大致分成 10 等份，每 1 等份（約 50g）包入 1
　顆鵪鶉蛋（鳥蛋），並將包好的肉餡於手掌左右來回輕甩
　數下，讓肉餡更有彈性。

3 起一大鍋水，水滾後將做法 2 汆燙 4 ～ 5 分鐘，撈起鍋
　後瀝乾水分備用。

4 做法 3 逐顆放在墊了烘焙紙或塗了食用油的烤盤上，並塗
　上蛋液及撒入少許乳酪絲。

5 放入預熱完成的烤箱，以攝氏 200 度烘烤約 15 ～ 20 分鐘。

6 將烤好的做法 5 撒上乾燥洋香菜葉點綴即完成。

料理筆記

》烘烤時間依各烤箱火力而不
　一，可依喜愛的焗烤程度自
　行斟酌烘烤時間。

辛香薄鹽鯖魚便當

鯖魚除了烤、煎、蒸，另也可加上大量的辣椒及辛香料炙烤，
讓鯖魚的口感更豐富及更有層次。
另喜歡吃辛香料的大可與鯖魚一起爽快入口，
感受那嗆辣的辛香料與油脂豐富的鯖魚，在口中演奏著時而激情、時而曼妙的交響樂章。

／便當夥伴／

菠菜束 P.139
炒蛋鬆 P.153
奶油洋蔥 P.146
五穀米＋白米飯 P.17

辛香薄鹽鯖魚

材料 (2人份)

市售薄鹽鯖魚……1 尾
薑……5g
蒜頭……2 瓣
辣椒……1 支（15g）
蔥花……12g
● 調味料
　耐高溫食用油……少許
　黑胡椒……少許

做 法

1 薄鹽鯖魚快速的沖洗一次，並以廚房紙巾拭乾掉水分
　後以刀子輕劃（不劃斷）。

2 薑、蒜頭、辣椒均切成末備用。

3 將做法 1 放在塗了耐高溫食用油的烤架上，並再塗上
　耐高溫食用油於鯖魚上。

4 將做法 2 及黑胡椒均勻的撒在鯖魚上。

5 放入以攝氏 180 度預熱完成的烤箱，烤約 20 分鐘後
　取出，撒上蔥花再烤 5 分鐘即完成。

 料理筆記

》做法 3 將耐高溫的油品塗於鯖
魚上，可讓魚皮烤好後有脆口
感，但亦可省略這個步驟。

香氣逼人
懷舊回鍋肉便當

對於隔餐的水煮五花肉該拿它怎麼辦？

本著惜福心，我的本省母親將五花肉切片後以醬油、蒜頭及蒜苗清炒，

我的外省婆婆則以甜麵醬、豆瓣醬為主要佐料來料理，

兩位親愛的母親對回鍋肉的料理方式大不相同，

但對善用食材、為家人悉心烹調的心情是一樣的；

幸運的自己，可以同時生活在不同的飲食文化，天天體驗著酸、甜、苦、辣或麻或香，

時而相互融合，時而平分秋色，全都是充滿愛的料理，全都讓人垂涎三尺啊！

／便當夥伴／

油炒汆燙青花菜 P.140

蛋皮絲絲 P.158

五穀米 + 白米飯 P.17

回鍋肉

材料(4 人份)

梅花肉……300g
豆干……180g
蒜苗……80g
蒜頭……2 瓣

● 調味料
　食用油……少許
　豆瓣醬……1.5 大匙
　甜麵醬……1.5 大匙

做 法

1 梅花肉切片（厚約 0.5cm）、豆干斜切片、蒜苗斜切（蒜白與蒜綠分開）蒜頭拍扁，備用。
2 取鍋，以少許食用油（份量外）將梅花肉炒出油脂，蒜白、蒜頭一起入鍋煸出香氣。
3 加入豆干，將豆干炒軟。
4 加入調味料，拌炒均勻及炒出香氣。
5 加入蒜綠，炒至蒜綠變軟即完成。

 料理筆記

》 如不介意熱量，回鍋肉使用富含油花的燙熟五花肉將更美味。

胃口大開
雞肉蝦餅便當

蛋白質在減肥飲食中佔著極重要的地位，除了可以增加飽足感，另也可為身體補充滿滿的能量；將蛋白質含量豐富的雞胸肉及蝦仁，切的細碎後煎成肉餅狀，不止美味，還很方便入口，為平凡的便當料理帶來不凡的營養及新面貌。

雞肉蝦餅

材料（2 人份）

雞胸肉……100g
蝦仁（去腸泥）……200g
蛋白……1 顆

● 調味料

    蒜泥……1/2 小匙
    魚露……1/2 小匙
    香油……1/4 小匙
    鹽……1/8 小匙
    白胡椒粉……少許

料理筆記

》剛下鍋時不急著翻動，待第一面凝固
定型及外圍肉色出現一圈暈白時，再
小心的翻面續煎。

做 法

1 雞胸肉切碎、蝦仁以刀背壓扁後再切碎，備用。
2 將做法 1 加入調味料，攪拌至黏稠後大致分成 4 等份。
3 取一平底鍋，鍋內倒入少許食用油（份量外），將做法 2 分別下
鍋以中小火香煎。
4 第一面煎至雞肉蝦餅的外圍肉色暈白，即可翻面續煎至熟。

秀出可愛切面
花花肉捲便當

花花肉捲很有趣，只要將肉片攤平，擺入任何喜歡的食材，遇到不易熟的食材只需事先汆燙，易熟的就直接捲入，全捲妥了即入鍋香煎，要濃郁口感淋點醬汁煨煮、想清爽口感則搓撒調味料入鍋，接著，就可以享受捲肉捲最精采的「切面秀」了，紅的、黃的、或綠的，全都一捲捲的擺入便當裡，可愛極了。

花花肉捲

材料 (2人份)

香菜葉……5 株（只取葉子共約 25g）
豬里肌薄肉片……10 片（共 200g）
玉米筍……10 小支
紅蘿蔔條……共 40g（切成 10 小條）
● 調味料
　鹽……少許
　黑胡椒……適量
　食用油……少許

做 法

1 起一大鍋水加入 1/2 小匙鹽（份量外），水滾後將玉米
　筍、紅蘿蔔入鍋汆燙 3 分鐘後撈起鍋備用。

2 豬里肌肉片攤平，肉片上均勻的撒上少許鹽及黑胡椒，
　接著依序鋪上香菜葉、燙過的玉米筍及紅蘿蔔並捲起。

3 將捲好的做法 2 再撒上少許的鹽及黑胡椒。

4 取一平底鍋，鍋內加入少許食用油，油熱後，將肉捲的
　接黏處朝下以小火煎 2 分鐘定型。

5 接黏處定型後，即可多面翻煎，小火持續煎約 2 分鐘即
　完成。

 料理筆記

》香煎的時間將因肉片厚薄而
　不一。
》肉捲的黏接處朝下先煎，定
　型前不翻動，即可避免肉捲
　散開。

Bento Box **4**

身體環保減碳蔬食便當

大魚大肉放縱享用之後，
用低卡高纖的蔬食便當，
消弭大餐後的罪惡感吧！

鬆香可口
蔬食糙米炒飯便當

雖然少了大火快炒的豪爽鍋氣，

小家碧玉的「蔬食糙米炒飯」也蠻能得到清淡飲食者的芳心；

炒料不限，全看冰箱裡有什麼食材，將食材洗淨切妥後就能下鍋，

只需留意食材特性，安排先後下鍋的順序，

即能炒出一盤鬆香可口的家常炒飯。

／便當夥伴／
氽燙翠綠油菜花 P.134

蔬食糙米炒飯

材料 (3 人份)

煮熟的糙米飯……2 碗
木耳……90g
豆干……60g
紅蘿蔔……20g
杏鮑菇……80g
蔥……15g（約 1 株）
雞蛋……2 顆
● 調味料
　食用油……適量
　醬油……1 大匙
　鹽……1/4 小匙
　黑胡椒……少許

做法

1 木耳、豆干及紅蘿蔔切小丁、杏鮑菇切滾刀塊、蔥切成蔥花、蛋打散備用。
2 起一平底鍋，鍋內以少油中小火將蛋液下鍋炒至半熟起鍋備用。
3 原鍋加少許油，將紅蘿蔔丁、豆干丁炒香。
4 做法 3 炒香後撥至鍋邊，騰出的空間放入杏鮑菇以小火乾煎。
5 杏鮑菇煎至微金黃色後，與鍋邊的紅蘿蔔、豆干丁全部一起拌炒後起鍋備用。
6 原鍋加少許油，將糙米飯下鍋炒至粒粒分明及乾爽狀。
7 加入木耳丁、做法 2、做法 5，全部一起入鍋拌炒。
8 加入醬油、鹽、黑胡椒調味，起鍋前撒入蔥花即完成。

料理筆記

》蔬食糙米炒飯是很方便又健康的清冰箱料理，將冰箱裡的零星食材切成小丁與米飯一起拌炒即可，食材不限本食譜，可任意搭配。
》將食材分別炒乾或炒半熟起鍋後備用，待米飯也炒乾後再加入半成品的所有備料；食材分段下鍋，炒飯香鬆好吃。

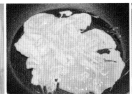

爽口味美
高麗菜煎餅便當

年輕時好喜歡吃台北補習街（南陽街）巷弄裡的蔬菜大蛋餅，

那是一家很不起眼的小店面，大蛋餅裡夾帶著海量的高麗菜及香氣四溢的蛋液，

起鍋後，加點醬油辣椒，趁熱吃，好吃得不得了；

現在自己在家也會做高麗菜蛋餅了，只是捨棄了蛋餅皮及大量的油，改以直接少油香煎，

口味雖不如記憶裡的那般美好澎湃，但不油不膩的滋味，正好迎合喜歡平淡的現在。

／便當夥伴／
檸香球芽甘藍 P.143
香煎造型板豆腐紅蘿蔔 P.168

高麗菜煎餅

材料（3 人份）

高麗菜⋯⋯250g
雞蛋⋯⋯4 顆
紅蘿蔔⋯⋯50g
洋蔥 1/4 顆⋯⋯80g
- 調味料
  鹽⋯⋯1/2 小匙
  香油⋯⋯1/4 小匙
  黑胡椒⋯⋯少許
  白胡椒粉⋯⋯少許

做 法

1 高麗菜切絲、紅蘿蔔刨成絲、洋蔥切丁，備用。
2 將做法 1 加入雞蛋、調味料後攪拌均勻，備用。
3 取一平底鍋，鍋內放少許食用油（份量外）並將油搖勻後倒入做法 2，蓋上鍋蓋以中小火燜煎約 5 分鐘。
4 蓋上一大圓盤於做法 3 上，倒扣續煎第二面，煎至喜歡的熟度即完成。

 料理筆記

》做法 4 取出後，置於網架或濾油盤上，可幫助底部熱氣散發，以保持高麗菜餅的清爽口感，待涼後再切塊即可。
》食譜用的平底鍋直徑為 28cm，如果鍋子直徑愈小，成品將愈厚，香煎的時間則需彈性調整。

好甘甜
洋蔥圈圈蔬食便當

如果在蔬菜界要頒發「難以捉摸獎」第一名，貝蒂覺得一定是非洋蔥莫屬了；

洋蔥生吃時嗆辣過癮，一個不小心還會被嗆到流眼淚，

但如果煮熟後再吃，風味竟然如此甘甜，完全變了一個人（是變了一個蔬菜才是⋯）；

如果做人處事也能像洋蔥一樣，時而剛強勇敢地悍衛自己（嗆）、時而善良體貼地溫暖他人（甜），

那就真的是太棒了；看似簡單的洋蔥，其實蘊含著不少人生道理。

奶油洋蔥圈

材料 (3人份)

- 材料 A
  洋蔥……1顆（300g）
- 調味料
  食用油……少許
  無鹽奶油……10g
  鹽……少許
  義大利綜合香料……少許

做 法

1 將洋蔥橫向切片（約厚 1cm）後備用。
2 起熱鍋，以少油小火將做法 1 煎至呈金黃色。
3 加入奶油，讓溶化後的奶油每片洋蔥都能沾到，並聞到香氣。
4 以手指攝撒鹽入鍋，最後再撒上義大利綜合香料即完成。

料理筆記

》可於下鍋前將切好的洋蔥圈以竹籤串起，以防香煎的過程散掉。
》以手指攝撒鹽入鍋，可讓鹽分散得更均勻。

澎湃熱情
三杯杏鮑菇便當

熱炒店裡的三杯系列最喜歡三杯杏鮑菇了，每當端上桌時，熱騰騰的砂鍋裡躺著滋滋作響的油亮杏鮑菇，真叫人食指大動；雖然便當料理不如熱炒店的澎湃熱情，但一份清爽與營養兼顧的便當，方能持續平穩地提供飽滿的精神及能量。

熱炒店的美味料理留給歡慶時光，上班上學日就來份簡易版的三杯杏鮑菇吧！

／便當夥伴／

醋溜木耳紅蘿蔔絲 P.164
蒜炒清脆小黃瓜 P.143
乳酪蛋 P.155
五穀米＋白米飯 P.17

三杯杏鮑菇

材料 (2 人份)

杏鮑菇……280g
蒜頭……6 瓣
老薑……20g
九層塔……1 大把（50g）
辣椒……1 支（8g）
● 調味料 A（調成 1 碗）
　醬油……1 大匙
　香菇素蠔油……2 大匙
　米酒……4 大匙
　冰糖……1/4 小匙
● 調味料 B
　胡麻油……1 大匙

做 法

1 杏鮑菇縱向對切，並於圓弧面輕輕劃刀刻紋後切塊、老薑切片、蒜頭去皮、辣椒斜切、九層塔挑出嫩葉，備用。
2 取一平底鍋，不放油將杏鮑菇乾煎至金黃後起鍋備用。
3 同一鍋，以少油（份量外）及中小火將蒜粒、老薑片炒出香氣。
4 放入做法 2、辣椒及調味料 A，煮至香氣四溢及上了醬色。
5 加入調味料 B，拌炒至收汁後加入九層塔拌均即完成。

料理筆記

》杏鮑菇以刀子輕輕劃出紋路可幫助入味。

香氣四溢
蔬菜藜麥飯煎餅便當

將藜麥白飯加入蔬菜、蛋，攪拌後即可入鍋香煎，

沒一會兒，香氣四溢的起鍋了，喜歡鍋巴口感的，就再煎焦一點。

說到鍋巴，猶記得小時候，奶奶或母親炒油飯時，總會將鍋底那層厚厚的鍋巴留給孩子們享用，

在那物質貧乏的年代，鍋巴可是個難得的好物，既像零嘴卻又很有飽足感，

且光想到那在鍋底吸取了整鍋食材精華的鍋巴，口水就直流了呢！

／便當夥伴／

油炒汆燙青花菜 P.140
香煎板豆腐 P.150

蔬菜藜麥飯煎餅

材料（4人份）

高麗菜……350g
熟毛豆……40g
紅蘿蔔……50g
熟藜麥白飯……200g
雞蛋……2 顆
● 調味料
　醬油……1 大匙
　鹽……1/4 小匙
　香油……1/4 小匙
　白芝麻……1 小匙

做法

1　將高麗菜切絲、紅蘿蔔刨成絲、熟毛豆大致搗碎備用，熟藜麥飯、雞蛋備妥。
2　高麗菜以 1 小匙鹽（份量外）抓醃靜置 5 分鐘後擠掉水份，備用。。
3　將做法 1、做法 2 加入調味料後攪拌均勻。
4　取一平底鍋，鍋內倒入少許食用油，將食用油搖勻後，以湯匙舀一匙做法 3 入鍋，入鍋後以湯匙輕輕壓平。
5　小火香煎至兩面金黃及香氣四溢即完成。

料理筆記

》初下鍋香煎時先不急著翻面，待蛋液煎至凝固且呈金黃色時，再以 2 支鍋鏟相互輔助翻面續煎。

抑鬱掰掰
迷迭香烤地瓜便當

自覺不是綠手指，每次種植的植物總是撐不了太久就會枯萎；

但一年多前，於自家陽台上種了一株迷迭香，這株迷迭香很給面子，長得很好，

順應季節還會開出漂亮的紫色花束，每當心情煩悶時搓揉一下葉子，

讓迷迭香的獨特香味留在指間，聞了抑鬱馬上煙消雲散，可入菜又可觀賞，甚好。

迷迭香烤地瓜

材料（2 人份）

地瓜……320g
- 調味料
  橄欖油……1 小匙
  鹽……1/4 小匙
  新鮮迷迭香……1/8 小匙
  肉桂粉……適量

做 法

1. 地瓜洗淨削皮後切條狀、新鮮迷迭香切細碎，備用。
2. 將做法 1 加入全部調味料抓勻，平均放在烤架上。
3. 將做法 2 放入已預熱至攝氏 220 度的烤箱，烤約 30 分鐘即完成。

料理筆記

》迷迭香及肉桂粉香氣濃郁，均少量添加即可。
》烘烤時間依各烤箱火力及地瓜大小切塊而不一，建議烘烤中途將地瓜取出翻面一次，順便檢查熟度，增減烘烤時間。
》地瓜切小條（速食店薯條尺寸），可縮短烘烤時間。

滋味出眾
烤蜜汁杏鮑菇便當

這是一道在貝蒂家沒有共識的料理，先生不喜歡甜味太明顯的各式料理，貝蒂則好愛這道甜味出眾的蜜汁杏鮑菇，幸好，可以同時製作兩種醬料，分別於刻了花的杏鮑菇上，刷上不甜的先生口味及偏甜的太太口味。

料理之所以有趣，在於凡多一小撮糖或減一小匙鹽，就可以滿足不同的人、貼近不同的喜好，彈性之大，任料理者悠遊其間。你呢？今天喜歡甜一點的，還是鹹一點的呢？

烤蜜汁杏鮑菇

材料（2人份）

杏鮑菇……170g
白芝麻……少許
● 調味料（調成 1 碗）
　醬油……1 大匙
　香菇素蠔油……1.5 小匙
　蜂蜜……1 小匙

做 法

1 杏鮑菇縱向對切，並於圓弧面以刀子輕劃交錯刻花（不要切斷）。

2 將做法 1 置於塗了一層食用油（份量外）的烤架上，並於杏鮑菇的圓弧面塗上調味料，來回塗抹數回。

3 烤箱以攝氏 180 度預熱完成後，將做法 2 放進烤箱，烤約15 分鐘。

4 做法 3 取出後，再塗一次烤醬、撒上些許白芝麻後放入烤箱回烤 5 分鐘即完成。

未上桌先開動
泡菜乳酪煎蛋便當

這是一道絕對按捺不到起鍋，就會在爐子邊開動的一道美味料理；

乳酪絲與韓式泡菜兩者口味極搭，

另有蔥蛋香氣豪氣墊底，形成美味金三角缺一不可。

因為香氣實在是太逼人了，所以建議料理「泡菜乳酪煎蛋」時，

就拉把椅子坐在爐邊，一邊香煎一邊享用吧！

／便當夥伴／

水炒四季豆 P.141
香煎板豆腐 P.150
義式香料紅蘿蔔絲 P.165
黑米＋五穀米飯＋白米飯 P.17

泡菜乳酪煎蛋

材料（3 人份）

韓式泡菜……100g（擠去水分）
雞蛋……3 顆
青蔥……15g
乳酪絲……20g
● 調味料
　食用油……少許

做 法

1 泡菜大致切碎、青蔥切成蔥花後與雞蛋一起攪拌均勻。

2 取一平底鍋，鍋內倒入少許食用油，加入做法 1 並均勻的撒入乳酪絲，以中小火慢煎。

3 做法 2 煎至鍋邊蛋液凝固、底部金黃時，以 2 支鍋鏟輔助將蛋液對折成半圓型。

4 做法 3 煎至香味飄出時，取一大盤子倒扣翻面續煎（將煎蛋倒扣至盤子上，再從盤子輕輕的滑入鍋裡）。

5 將做法 4 煎至金黃焦香，筷子插入取出後無沾黏蛋液、且筷子有溫熱感即可起鍋。

料理筆記

》 起鍋後可置於烤架或瀝油盤上，幫助底部熱蒸氣散發，保有香酥感。

》 食譜的用的平底鍋直徑為 28cm，如果鍋子直徑偏小，則可免去做法 3。

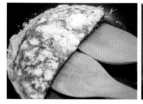

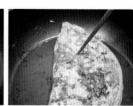

絲絲入扣
高麗菜捲便當

兒時與父母一起搭火車回老家時，火車站旁有一攤炸春捲的小攤販，
每次一出了車站，父親總會買上幾條春捲與家人一起享用，
現炸的好燙口啊，但記憶中總是笑著把它吃完。
現在家裡飲食清淡許多，僅以高麗菜葉取代春捲皮，將預先炒熟的餡料紮實地捲起，
不用油炸也不用再回蒸，就讓滿滿的餡料充滿口腔，嘴角自然而然的就上揚了，
就像兒時在火車站與家人站著一起吃炸春捲時一樣，幸福又滿足。

／便當夥伴／

香煎豆腐杏鮑菇 P.147
彩椒蛋 P.166
黑米 + 白米 + 五穀米飯 P.17

高麗菜捲

材料 (3 人份)

大片高麗菜葉……4 片（約 170g）
高麗菜……150g
紅蘿蔔……80g
豆干……90g
乾香菇……20g
● 調味料
　食用油……少許
　醬油……1 大匙
　鹽……1/8 小匙
　香油……1/4 小匙

做 法

1 大片高麗菜葉削除粗梗，放入加了少許鹽（份量
　外）的滾水燙軟，起鍋備用。
2 將高麗菜、紅蘿蔔、豆干、以溫水泡軟的乾香菇
　全部切絲，備用。
3 以少油中火將做法 2 加少許水分炒軟（高麗菜絲
　除外）。
4 做法 3 炒軟後，加入高麗菜絲一起拌炒。
5 加入醬油、鹽、香油，炒香、炒入味後起鍋。
6 將做法 5 大致分成四等份後，以做法 1 的高麗菜
　葉捲妥即完成。

料理筆記

》剛捲好的高麗菜捲先靜置定型，待
　涼定型後即可切塊。

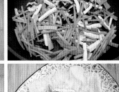

香氣撲鼻田園便當

初見雞蛋馬鈴薯時，被它小巧可愛的模樣給深深吸引，捨不得細切，更捨不得將它搗成泥，僅以電鍋蒸熟後，再入鍋以少許橄欖油香煎上色，起鍋前輕撒些許鹽及義大利綜合香料，香氣立刻撲鼻而來；保留了可愛的型狀，也擁抱了鬆軟原味，其口味還媲美速食餐館裡的現炸薯條呢，但先蒸再煎的料理方式清爽不油膩，更勝一籌。

義式香煎馬鈴薯

材料 (3人份)

雞蛋馬鈴薯……3 顆（約 300g）

- 調味料

    橄欖油……少許

    鹽……少許

    義大利綜合香料……適量

做 法

1 將雞蛋馬鈴薯洗淨後縱向對切。

2 將做法 1 放入電鍋（底部墊著瓷盤），外鍋放 1 杯水，待電鍋開關鍵跳起後取出備用。

3 取一平底鍋，倒入少許橄欖油，油熱後放入做法 2（切口面朝下）。

4 第一面以中小火煎約 2 ～ 3 分鐘鐘、第二面煎約 1 分鐘。

5 起鍋前，均勻的搓撒鹽及義大利綜合香料即完成。

Bento Box **5**

偶爾任性爆走便當

很澎湃的主菜，
搭配低 GI 的穀類及大量蔬菜，
就能讓美食與健康同時兼顧。

爆漿起司漢堡排便當

爆漿，披著一層神祕面紗，內餡是甜？是苦？是香濃？還是多汁？
答案只有在一口咬下時才會揭曉，
或許當下會被高溫的內餡湯汁給燙了一下舌頭，
幸好預期的小心翼翼，總是能在一陣燙之後，
歡欣的迎接隨之而來的美好滋味！

爆漿起司漢堡排

材料（可做6顆）

低脂豬絞肉……360g
菠菜……120g
板豆腐……100g
乳酪絲……30g
雞蛋……1顆

● 調味料

米酒……1小匙
味醂……1小匙
醬油……1/2小匙
鹽……1/8小匙
胡椒粉……少許
香油……1/4小匙

做 法

1 菠菜切細加1大匙鹽（份量外）抓醃5分鐘後擠去水分，備用。

2 做法1加入豬絞肉、板豆腐（捏碎）及調味料，攪拌至肉餡出現黏性。

3 做法2大致分成6等份，每一等份以手整形成肉餅狀，並包入少許乳酪絲。

4 起一大鍋水，煮滾後將做法3入鍋，中火滾煮約4～5分鐘後撈起鍋，備用。

5 取一平底鍋，倒入少許食用油，將做法4放入鍋中煎至金黃色即完成。

》料理筆記

》食材（板豆腐及菠菜）的水分盡量擠乾，肉餡需攪拌至出現黏性，下鍋汆燙及香煎較不易散開。

》乳酪絲如鹹味很足，鹽分（醬油與鹽）則可彈性調整。

好下飯
酸辣打拋豬便當

被稱為白飯殺手的「打拋豬」是減肥中的先生又愛又恨的料理吧，

每當出現在餐桌上，先生真的只能投降的再添半碗飯來消滅下飯的「打拋豬」；

所以，當便當主菜決定是「打拋豬」時，貝蒂就會將副菜的鹹度降低，在主食有限的情況下，

將「打拋豬」拌入副菜一起享用，剛好消弭想再來一碗飯的衝動，

減重中的先生終於也能放心的享用這道開胃料理了。

酸辣打拋豬肉

材料（3 人份）

低脂豬絞肉……300g
九層塔葉……1 大把（約 50g）
檸檬……1/4 顆（約 25g）
蒜頭……3 瓣（約 15g）
椒辣……1 支（10g）
● 調味料（調成 1 碗）
　醬油……1 大匙
　米酒……1.5 大匙
　蠔油……1 大匙
　魚露……1 小匙
　糖……1/4 小匙

做 法

1 九層塔葉去梗洗淨、蒜頭成切末、辣椒輪切，備用。
2 鍋內倒入少許食用油（份量外），以中小火將蒜末、辣椒炒出香氣。
3 放入豬絞肉，炒至肉色變白時加入調味料，並拌炒至絞肉上醬色。
4 放入九層塔葉後即關爐火，以鍋子的餘溫將九層塔炒軟。
5 起鍋前擠入檸檬汁並拌勻即完成。

料理筆記

》調味料預先調成一碗，除方便試味道外，也可讓料理過程更順手。
》可於做法 2 同時放入蕃茄（切丁），增加口感及色澤。
》九層塔易熟易黑，故起鍋前以鍋子的餘溫大致拌幾下即可起鍋。

古早味
肉絲炒豆干便當

貝蒂的大姊燒得一手好菜，每回在大姊家吃飯時，沒吃個 2 碗白飯是不可能放下筷子的，因為大姊就連白飯都煮得香 Q 好吃；有一回，大姊端了一道肉絲炒豆干上桌，看似簡單，卻好吃得不得了；好想學這道美味料理，但即使食譜都一模一樣，還是覺得少一味，少的那一味，我想是「時光」吧，是那一段每天在大姊家吃晚餐的快樂時光呀！

／便當夥伴／

乳酪蛋 P.155
燙秋葵 P.135
糙米＋白米飯 P.17

116

古早味肉絲炒豆干

材料（3 人份）

豆干……170g
肉絲……120g
青蔥……70g
辣椒……15g
蒜頭……2 瓣

● **調味料**（調成 1 碗）
　醬油……2.5 大匙
　糖……1/2 小匙
　水……50cc
　香油……1/4 小匙

做 法

1　豆干、青蔥及辣椒（去籽）均切成絲、蒜頭切成末，
　　備用。

2　鍋內放入少許食用油（份量外），油溫熱後放入蒜
　　末、辣椒絲、蔥絲，以中小火炒香。

3　將肉絲入鍋撥散並拌炒至肉色變白。

4　加入豆干絲及調味料，炒至食材上了醬色及香味即
　　可起鍋。

料理筆記

》大量的蔥絲是這道料理的主要香
　氣來源（本食譜為 2 株青蔥），
　另如喜歡辣味，則步驟 1 的辣椒
　可不去籽，直接斜切入鍋。

》調味料建議預先調成一碗，試味
　道後再自行調整成習慣的口味。

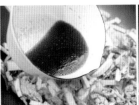

百吃不膩
洋蔥燒肉便當

甜鹹的燒肉是女兒的心頭好，每當向她預告「明天吃燒肉哦！」小小的臉龐總是會笑得開懷，屢試不爽！洋蔥燒肉採油花適中的梅花肉，吃起來負擔少一些，另加入已先煎至焦糖化的洋蔥、雪白菇，只要再加少許糖提味就能讓燒肉吃起來不過甜不嫌膩，這麼受歡迎的料理，理當成為便當盒裡的常客。

洋蔥燒肉

材料（2人份）

火鍋肉片（梅花豬肉）……1 盒
（約 200g）
雪白菇……1 包
洋蔥半顆……180g
白芝麻……少許

● **醃料**

醬油……1.5 大匙
米酒……1/2 小匙
味醂……1/2 小匙
香油……1/4 小匙
糖……1/4 小匙
蒜末……8g
薑泥……1/8 小匙

做 法

1 將火鍋肉片對半切後加入全部醃料，抓均後靜置醃 10 分鐘，備用。

2 雪白菇掰散、洋蔥切成絲，備用。

3 取一平底鍋，將雪白菇及洋蔥同時下鍋以小火乾煎，煎至洋蔥及雪白菇呈焦糖色後起鍋備用。

4 鍋內不入油，直接加入做法 1 的火鍋肉片，以中火拌炒至熟。

5 加入做法 3，全部一起拌炒均勻後撒入白芝麻即完成。

異國風味
酸奶薑黃小棒腿便當

酸奶也就是優格，以無糖的原味優格來醃肉，

其優格裡的乳酸菌不止可以讓肉質軟化且多汁，

如果同時加入薑黃粉、咖哩粉、印度香料等料理粉一起醃漬，

肉品將更容易上色及入味；

這道有著濃濃異國風味的酸奶薑黃小棒腿，

建議以手直接拿著吃，才能再吮指回味一翻。

／便當夥伴／

枸杞甜高麗菜 P.149
汆燙翠綠油菜花 P.134
炒蛋鬆 P.153
黑米 + 白米飯 P.17

酸奶薑黃小棒腿

材料（2 人份）

雞小棒腿……6 支（約 270g）
● 醃料
　無糖優格……2 大匙
　薑黃粉……1/2 小匙
　紅椒粉……1/2 小匙
　鹽……1/2 小匙
　胡椒粉……1/8 小匙
　薑泥……1/4 小匙
　糖……1/2 小匙
　乾燥洋香菜葉……少許

做 法

1 將雞小棒腿切掉多餘油脂。
2 將小棒腿較厚的地方劃刀（不切斷）以幫助入味，備用。
3 將做法 2 加入全部醃料後抓勻，置於冰箱醃 1 小時。
4 烤箱以攝氏 200 度預熱完成後，烤約 15 ～ 20 分鐘即完成。

料理筆記

》優格有軟化肉質的效用，但醃漬的時間無需過久，以防肉質變的軟爛缺乏口感。
》另薑黃也可改採純咖哩粉替代，比例不變。

家傳眷村味
炸醬拌飯便當

本以為公公只是「說」了一口好菜，直到有次吃到他親手做的羊肉爐、燒魚及眷村炸醬，才發現自己錯得離譜，公公根本是廚神。

為了模仿公公煮的眷村炸醬，特別打電話給人在大陸的公公，電話裡仔細的請教食譜，並將步驟一一記錄下來，第一次試做時還請先生幫忙調整味道，非得做出道地的口味為止；看似稀鬆平常的眷村炸醬，對從小吃滷肉飯長大的自己，真是一道相見恨晚的料理，所以很認真的學了、也做熟了，希望將來女兒長大後也願意拿著紙筆，將這家傳的美味記錄下來。

／便當夥伴／

水煮 Q 蛋 P.159
蒜炒菠菜 P.137
銀芽豆干絲 P.145
糙米飯 P.17

眷村炸醬

材料（4 人份）

低脂豬絞肉……360g
豆干（切丁）……165g
- 調味料（調成 1 碗）
  豆瓣醬……2 大匙
  甜麵醬……2 大匙
  醬油……1 小匙
- 芡汁
  水：太白粉（3：1），以冷水調
  勻即可。

做 法

1 鍋內放入少許食用油（份量外），加入豬絞肉
  炒散後再加入豆干丁，全部一起拌炒至肉色變
  白。
2 加入調味料，拌炒至絞肉上了醬色，飄出香氣。
3 淋入少許芡汁拌勻即完成。

料理筆記

》如購買的是較有油脂的豬絞肉，則做
  法 1 的食用油可以免加。
》建議調味料預先調成一碗，試了味道
  再淋入鍋。

爽口不油膩
鳳梨五花煎肉便當

煸炒過的五花肉不油也不膩，但這或許是新鮮鳳梨的功勞吧，

讓原本容易膩口的五花肉變的爽口無比；

因此，這道料理被規定著，一定要一塊五花肉配著一片鳳梨一起享用，

細細咀嚼著口中不同的食材元素，在相互合作後的絕佳融合，

感受一場美妙的味蕾饗宴。

/便當夥伴/

水炒高麗菜 P.145
香煎雞蛋豆腐 P.162
清炒塔香紫茄 P.164
黑米＋五穀米飯＋白米 P.17

鳳梨五花煎肉

材料（3人份）

豬五花肉……300g
新鮮切塊鳳梨……150g
● 調味料
　薑泥……1/4 小匙
　蒜末……7g
　米酒……2 小匙
　醬油……2 大匙
　茴香……1/2 小匙
　鹽……1/4 小匙
　糖……1/4 小匙

做法

1 豬五花肉去皮後切片（厚約 0.5cm）備用。
2 做法 1 加入全部的調味料抓醃後，靜置醃 10 分鐘。
3 取一平底鍋，將做法 2 入鍋攤平，讓每塊肉都能
　接觸到鍋面，中小火香煎至醃料收汁。
4 做法 3 的五花肉呈金黃色時即可翻面續煎，煎至
　兩面焦香時放入鳳梨，炒至全部食材上醬色即完
　成。

料理筆記

》全程不用另外再加食用油，以豬五花
　的油脂香煎即可。
》與鳳梨一起入口很對味。

醬香味濃
紅蘿蔔肉餅便當

小時候家裡餐桌上最常出現的主菜就是肉餅（瓜仔肉）了；

母親做的肉餅僅以豬絞肉、脆瓜、醬油等調味料蒸熟後即端上桌，

醬香帶脆好下飯，每回總是可以多吃上一碗白飯。

現在，自己也當母親了，有時會將脆瓜改以其他食材替代，很幸運地也成為女兒心目中的最愛料理之一，

看著女兒開心的說：「我還要一碗白飯」時，終於能夠體會當年母親的心情，一定也是很滿足及幸福吧！

紅蘿蔔肉餅

材料（3 人份）

低脂豬絞肉……230g
紅蘿蔔……50g
洋蔥……1/4 顆（40g）
青蔥……1 株（20g）

- 調味料
  醬油……1.5 大匙
  米酒……1 小匙
  味醂……1 小匙
  醬油膏……1/2 小匙
  五香粉……1/4 小匙
  香油……1/4 小匙
  鹽……1 小撮或 1/8 小匙
  白胡椒粉……少許

做 法

1 將紅蘿蔔去皮後刨成絲、洋蔥切成丁、青蔥切成蔥花，備用。
2 將做法 1 加入豬絞肉及全部調味料，並攪拌至肉餡出現黏性（牽絲狀）。
3 放入容器，以飯匙或湯匙將肉餡壓平、壓緊實。
4 放入電鍋，外鍋放一杯水，待開關鍵跳起即完成。

好暖胃
味噌雞腿便當

味噌醬是家中冰箱裡的固定佐料，當下班下課後一回到家時，

取了味噌醬就能快速的煮一鍋海帶芽味噌豆腐湯，

溫潤平和的汁液，最能溫暖飢腸轆轆的胃腸。

除了煮湯，以味噌佐肉也是項很棒的選擇，

先香煎雞腿，於起鍋前再將味噌醬料下鍋煮至收汁，即能美味上桌。

/便當夥伴/

義式紅蘿蔔絲 P.165
蒜炒菠菜 P.137
蛋皮絲絲 P.158
糙米飯 P.17

味噌雞腿

材料 (2～3 人份)

去骨雞腿肉⋯⋯2 支（共 350g）
- **調味料（調成 1 碗）**
  味噌⋯⋯2 小匙
  糖⋯⋯1/4 小匙
  米酒⋯⋯2 小匙
  味醂⋯⋯1 小匙
  柚子醋⋯⋯1 小匙

做 法

1. 切除雞腿肉多餘的油脂，並持刀於肉面上輕劃幾刀（不切斷）。
2. 鍋內不放油，雞皮朝下直接香煎，以小火慢煎至雞腿肉的外圍肉色變白、底部的雞皮呈現金黃酥脆感時翻面續煎，煎至筷子可以輕易插穿雞腿肉為止。
3. 倒入調味料，將雞腿肉均勻的沾上調味料並煮至收汁即可起鍋。
4. 起鍋後，置於濾油盤或烤架上約 5 分鐘後再享用或切塊。

料理筆記

》將木筷插於雞腿肉上停留 5 秒後取出，木筷有溫熱感及雞腿肉上被筷子插過的洞滲出透明肉汁即代表熟了。
》調味料下鍋後，雞腿肉會因沾了醬料而容易燒焦，此時需留意火候，並於一收汁完成立刻起鍋，以防煎焦。
》香煎的過程以壓肉器稍微按壓著雞腿肉，可防止雞腿肉縮太小多及加快煎熟。

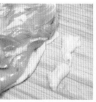

嚐一口就忘不了
紅燒牛腱蕃茄蛋便當

婆婆的拿手菜「紅燒牛腱蕃茄蛋」是女兒回奶奶家最鍾愛的料理之一；

跟婆婆學了這道家傳美味，讓女兒在家隨時想吃就能吃到，

雖然料理牛腱時需多花些時間燜煮，但不妨利用假日或空閒時預先完成數份，

切妥後一份份的分裝冷凍，待料理前取出當次份量退冰後使用，

就能省下不少寶貴的時間。

/便當夥伴/

水炒高麗菜 P.145

燙秋葵 P.135

五穀米＋紅藜麥＋白米飯 P.17

紅燒牛腱蕃茄蛋

材料(4人份)

牛腱心……1個(約380g切掉多餘油脂)
大蕃茄……2顆(約200g切小塊)
雞蛋……3顆(打散)
蔥花……20g

- 調味料 A
  八角……1個
  花椒……1/2小匙
  米酒……1大匙

- 調味料 B
  水……1200ml
  醬油……5大匙
  鹽……1/4小匙
  糖……1小匙
  米酒……2大匙

- 調味料 C
  水……200ml
  蕃茄醬……1大匙
  醬油……1大匙

- 調味料 D
  醬油……適量

料理筆記

》牛腱可一次燜煮多次份量,完成後再分裝冷凍,待次回料理前再取出當次份量退冰,可省下許多料理時間。
》燜牛腱的時間依各鍋子的熱傳導與保溫效果而不一,建議於燜2個小時後開蓋試牛腱的軟度,再決定是否繼續燜或起鍋。

做 法

1 起一大鍋水,將牛腱於冷鍋時入鍋,以最小火汆燙20分鐘後撈起鍋,擱涼後切片(寬1cm),如有血水則洗淨,備用。

2 以少許食用油(份量外)、中小火,將做法1、調味料 A 一起入鍋炒出香氣。

3 將做法2移至湯鍋或燉鍋並加入調味料 B 煮滾(同時撈出浮渣),煮滾後轉小火,蓋上鍋蓋燜煮30分鐘後關爐火,不開鍋蓋續燜2小時後撈出備用。

4 起一熱鍋,加入少許食用油(份量外),倒入蛋液,炒至半熟時撈起鍋備用。

5 原鍋加入少許食用油(份量外),將蕃茄入鍋炒軟後放入調味料 C。

6 加入做法3、做法4及調味料 D,煮出香氣後撒入蔥花即完成。

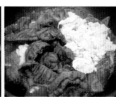

Bento Box

副菜：自由配

依副菜的天然原色分類，
只要任選 3 個顏色放入便當，
就能搭配出一個視覺與健康兼備的低卡便當！

汆燙翠綠油菜花

鮮香菇炒蘆筍

材料（3 人份）

油菜花⋯⋯1 把（300g）
● **調味料 A**
　食用油⋯⋯1 大匙
　鹽⋯⋯1/2 小匙
　米酒⋯⋯1 大匙
● **調味料 B**
　香菇素蠔油或一般蠔油⋯⋯少許
　白芝麻⋯⋯少許（可省略）

材料（3 人份）

蘆筍⋯⋯1 把（230g）
鮮香菇⋯⋯6 朵（90g）
蒜頭⋯⋯1 瓣
辣椒⋯⋯1 支
● **調味料**
　鹽⋯⋯1/4 ～ 1/2 小匙
　水⋯⋯20cc
　食用油⋯⋯少許

做 法

1 將油菜花挑去粗纖維後洗淨，並將粗梗
　與嫩葉分開備用。
2 起一大鍋水，水滾後加入調味料 A。
3 將油菜花的粗梗先下鍋汆燙 30 秒。
4 加入嫩葉一起汆燙 1 分鐘後，即可撈起
　鍋。
5 加入調味料 B 即完成。

做 法

1 蘆筍切段、香菇切片、辣椒斜切、蒜頭
　切成末備用。
2 鍋內倒入少許食用油，以中小火將蒜
　末、辣椒炒香。
3 加入蘆筍、水，轉中大火快速拌炒。
4 做法 3 炒至翠綠後，加入香菇，再快
　速拌炒至香菇變軟。
5 起鍋前加入鹽，拌勻後即完成。

料理筆記

》汆燙時加入少許米酒及食用油，可讓油菜花保持油
　亮翠綠。

薑黃炒青椒洋蔥

材料（2人份）

青椒……2個（170g）
洋蔥……半顆（70g）
新鮮薑黃片……2g

- **調味料**
  鹽……1/4 小匙
  米酒……1 小匙
  黑胡椒……少許

做法

1 青椒去蒂頭及籽後順紋切絲、洋蔥切絲（長度約與青椒絲齊長）。
2 鍋內放入少許食用油，以中小火將洋蔥先入鍋炒軟。
3 加入薑黃片炒香。
4 加入青椒炒至翠綠變軟。
5 起鍋前，加入調味料拌勻即完成。

燙秋葵

材料（2人份）

秋葵……80g

- **調味料**
  鹽……少許

做法

1 秋葵洗淨後以刨刀將蒂頭削除。
2 加入少許鹽將秋葵以鹽搓揉後，再以清水洗淨。
3 起一鍋滾水（水量高過秋葵再多一些），加入少許鹽、秋葵，中火滾煮約2分鐘。
4 做法3的秋葵起鍋後立刻放入冰水冰鎮定色，待涼後即可享用。

料理筆記

》 青椒易熟，可將食材及調味料備好再開始料理，以縮短青椒在熱鍋裡的時間。
》 青椒不耐蒸，較適合放入微波加熱的便當或冷便當。

料理筆記

》 做法2可去除秋葵上的細微絨毛，讓口感更細緻。

蒜辣韭菜花

材料（3 人份）

韭菜花……1 把（170g）
蒜頭……2 瓣
辣椒……1 支
● **調味料**
　食用油……少許
　水……50cc
　米酒……1 小匙
　鹽……1/4 小匙

做 法

1 韭菜花洗淨切段、蒜頭切末、辣椒斜切段，備用。
2 鍋內放入少許食用油，以中小火將蒜末及辣椒炒香。
3 加入韭菜花及少許水份，拌炒至香氣飄出。
4 起鍋前加入鹽、米酒拌勻即完成。

蒜炒櫛瓜

材料（3 人份）

櫛瓜……2 條（350g）
蒜頭……2 瓣
辣椒……1 支
● **調味料**
　食用油……少許
　鹽……1/8 小匙
　水……50cc

做 法

1 將櫛瓜洗淨後切滾刀塊、蒜頭切成末、辣椒斜切，備用。
2 鍋內放入少許食用油，將蒜末及辣椒以中小火炒香。
3 放入櫛瓜、50cc 的水，拌炒至喜歡的脆度。
4 起鍋前加入鹽拌勻即完成。

蒜炒豌豆嬰

材料（2 人份）

豌豆嬰……150g
蒜頭……1 瓣
● **調味料**
　食用油……少許
　水……30cc
　鹽……1/8 小匙

做 法

1 將豌豆嬰洗淨、蒜頭切成末，備用。
2 鍋內加入少許食用油並以中小火將蒜末炒香。
3 放入豌豆嬰、少許水，快速拌抄。
4 加入鹽調味後即完成。

蒜炒菠菜

材料（2 人份）

菠菜……1 把（250g）
蒜頭……2 瓣（切成末）
● **調味料**
　食用油……少許
　鹽……1/4 小匙

做 法

1 鍋內倒入少許食用油，以中小火將蒜末炒香。
2 加入洗淨切段的菠菜。
3 轉中大火將做法 2 快速拌炒，起鍋前加入鹽拌勻即完成。

料理筆記

》菠菜容易出水，入便當時需將水分瀝乾。

蒜炒甜豆

材料（3 人份）

甜豆……170g
蒜頭……2 瓣
- **調味料**
  食用油……少許
  鹽……1/4 小匙
  水……50cc

做法

1 將甜豆挑去頭尾蒂頭及粗絲、蒜頭切片，備用。
2 起熱鍋，鍋內倒入少許食用油以中小火將蒜片炒香。
3 加入甜豆及少許水份，蓋上鍋蓋燜煮約1 分鐘。
4 起鍋前加入鹽並拌勻即完成。

蒜炒皇宮菜

材料（3 人份）

皇宮菜……1 把（200g）
辣椒……1 支（斜切）
蒜末……2 瓣（切成末）
- **調味料**
  食用油……少許
  鹽……1/4 小匙

做法

1 鍋內放入少許食用油以中小火將蒜末、辣椒一起炒香。
2 加入洗淨挑揀好的皇宮菜，轉中火快炒。
3 炒至皇宮菜變軟及翠綠後加入鹽調味即完成。

料理筆記

》皇宮菜口感滑溜且富含鈣質，是一道很健康的便當菜色。

菠菜束

材料（2人份）

菠菜……1把（300g）
● 調味料
　鹽……1/2 小匙
　醬油膏……少許
　白芝麻……少許

做法

1 菠菜洗淨後將梗及葉分別切開。
2 起一鍋滾水(水量可蓋過食材再多一些)加鹽後將菠菜梗先下鍋燙 20 秒，接著將葉子部份也下鍋燙 20 秒，最後全部一起撈起鍋。
3 做法 2 一起鍋立即放入冰水中冰鎮定色。
4 冰鎮後，取出並輕輕扭出水份及切成小段，淋上醬油膏及撒上白芝麻即完成。

枸杞龍鬚菜

材料（3人份）

龍鬚菜……1把（230g）
枸杞……1 大匙
蒜頭……1 瓣
● 調味料
　食用油……少許
　米酒……1 大匙
　鹽……1/4 小匙

做法

1 龍鬚菜去除粗纖維後切段、枸杞以冷水浸泡 10 鐘後瀝掉水分、蒜頭切末，備用。
2 鍋內放入少許食用油，加入蒜末以中小火炒香。
3 加入龍鬚菜快速拌炒後，熗點米油並炒香。
4 加入枸杞、鹽，全部一起拌勻後即完成。

烤櫛瓜

油炒汆燙青花菜

材料 (3 人份)

櫛瓜……2 小條（共 260g）
● 調味料
　義大利綜合香料……1/2 小匙
　橄欖油……1/2 小匙
　鹽……1/8 小匙

材料 (2 人份)

青花菜……1 顆（250g）
蒜頭……2 瓣
● 調味料
　食用油……少許
　鹽……1/8 小匙

做法

1 櫛瓜洗淨後切去蒂頭並切片（約 1cm 厚度），備用。
2 取一烤皿放入做法 1，並均勻的撒入調味料。
3 將做法 2 放入以攝氏 180 度預熱完成的烤箱，烤約 20 分鐘即完成。

做法

1 青花菜洗淨去較硬的粗皮、蒜頭切片，備用。
2 起一大鍋水（可蓋過青花菜的水量再多一些），水滾後放入少許鹽（份量外）。
3 放入青花菜，滾煮 20 秒後撈起備用。
4 鍋內放入少許食用油，以中小火將蒜片炒香。
5 放入做法 3 及鹽，快速拌勻後即完成。

料理筆記
》烘烤時間依各烤箱火力而不一，建議可於烤 15 分鐘後取出斟酌喜好的脆度，再增減烘烤時間。

料理筆記
》先以一鍋滾水速燙青花菜，可讓青花菜受熱均勻，縮短熱油鍋拌炒的時間。

水炒四季豆

蒜辣水蓮

材料（2 人份）

四季豆……1 把（200g）
蒜末……2 瓣
● 調味料
　水……80cc
　食用油……少許
　鹽……1/4 小匙

做 法

1 將四季豆洗淨挑去較粗的纖維後切段。
2 鍋內加入水，水煮滾後加入四季豆、蒜末後，蓋上鍋蓋以中小火燜煮約 2 分鐘。
3 開鍋蓋後加入少許食用油、鹽拌勻後即完成。

材料（2 人份）

水蓮……1 束（200g）
蒜片……3 瓣
辣椒……1 支
● 調味料
　食用油……少許
　水……少許
　米酒……1 大匙
　鹽……1/4 小匙

做 法

1 水蓮洗淨後切成段（長約 6 公分）、辣椒去籽後切絲（長約 6 公分）、蒜頭切成片，備用。
2 鍋內放入少許食用油，以中小火將蒜片、辣椒絲一起炒香。
3 加入水蓮、少許水，快炒數下後關爐火。
4 加入米酒，鹽拌勻後即完成。

料理筆記

》 水蓮易熟，下鍋後大致拌炒數下即可關火，利用鍋子的餘溫將水蓮、鹽、米酒一起拌勻拌香即可。
》 少許米酒可增加水蓮的香氣及翠綠感。

快炒西洋芹

材料（3 人份）

西洋芹……360g
蒜頭……1 瓣
● 調味料
　食用油……少許
　鹽……1/4 小匙
　乾燥洋香菜葉……少許
　水……少許

做 法

1 將西洋芹表面的粗纖維剝掉後切成三角型（或任意形狀）、蒜頭切末，備用。
2 起熱鍋，以少油中小火將蒜末炒香。
3 加入西洋芹，轉中大火後加少許水分，快速拌炒。
4 起鍋前加入鹽、乾燥洋香菜葉拌勻即完成。

豆豉韭菜花

材料（3 人份）

韭菜花……1 把（120g）
豆豉……10g
蒜頭……1 瓣
辣椒……1 支
● 調味料
　食用油……少許

做 法

1 韭菜花洗淨切小丁、豆豉沖水一次、蒜頭切末、辣椒輪切，備用。
2 起熱鍋，將蒜末、辣椒以少油中小火炒香。
3 放入韭菜花及豆豉，炒出香氣後即完成。

料理筆記

》豆豉鹹味很足，故無需額外再添加醬油或鹽。

蒜炒清脆小黃瓜

材料（3 人份）

小黃瓜……3 條（320g）
蒜頭……2 瓣
辣椒……1 支
● 調味料
食用油……少許
水……少許
鹽……1/8 小匙

做 法

1 小黃瓜切滾刀塊、蒜頭切末、辣椒斜切備用。

2 起熱鍋，少油中小火將蒜末、辣椒炒香。

3 加入小黃瓜塊、水，拌炒至喜歡的脆度。

4 起鍋前加入鹽拌勻即完成。

檸香球芽甘藍

材料（2 人份）

球芽甘藍……8 顆（220g）
蒜片……2 瓣
檸檬……1/4 顆（可省略）
● 調味料
食用油……少許
鹽……1 小撮
溫熱水……20ml

做 法

1 球芽甘藍洗淨後縱向對切、蒜頭切片備用。

2 取一平底鍋，冷鍋冷油時放入蒜片及球芽甘藍（切面朝下），以小火煎至金黃後翻面。

3 煎第 2 面時，加入少許溫熱水幫助快熟。

4 以手指取一小撮鹽，撮撒入鍋調味。

5 關爐火，擠入檸檬汁並拌勻即完成。

料理筆記

》檸檬汁可加可不加。

豆豉苦瓜

蒜炒高麗菜嬰鴻禧菇

材料（3 人份）

苦瓜……1 條（430g）
辣椒……1 支
豆豉……15g
蒜頭……1 瓣
● 調味料
水……150cc
食用油……少許
鹽……少許（視情況添加）

材料（2 人份）

高麗菜嬰……2 大朵（共 300g）
蒜頭……1 瓣
鴻禧菇……1 包
● 調味料
　食用油……少許
　鹽約……1/4 小匙

做法

1 苦瓜去籽及內膜後切小塊、蒜頭切末、辣椒斜切小段，備用。
2 起熱鍋，以少油中小火將蒜頭、辣椒炒香。
3 加入苦瓜、水、豆豉，一起拌炒。
4 蓋上鍋蓋燜煮約 3 分鐘，中途可開蓋拌炒一次。
5 開蓋後試一下味道，如不夠鹹再加少許鹽調味。

做法

1 將高麗菜嬰去芯後切塊、鴻喜菇去蒂頭掰散、蒜頭切末備用。
2 取一平底鍋，將鴻喜菇以小火乾煎至金黃後起鍋備用。
3 同鍋加入少許食用油、蒜末，以中火將蒜末炒香。
4 加入高麗菜嬰，炒軟。
5 加入做法 2、鹽，快速拌勻後即完成。

料理筆記

》 水分可視情況再增加；食譜中的水分為順應裝入便當，所以水分較少，如起鍋即上餐桌享用，則可再多一倍的水燜煮。
》 苦瓜對切後以鐵湯匙刮掉籽及白色內膜，可以減少苦味。

料理筆記

》 可視當下高麗菜嬰的含水量，適時添加少許水分拌炒。

水炒高麗菜

材料（4 人份）

高麗菜……400g
蒜頭……1 瓣

● **調味料**
食用油……少許
鹽……1/4 小匙

做 法

1 高麗菜洗淨切妥、蒜頭切末，備用。
2 煮一大鍋水（水量可蓋過食材再多一點），水滾後加少許鹽（份量外）後汆燙高麗菜，燙 1 分鐘後撈起鍋備用。
3 起熱鍋，加入少許食用油及蒜末，並將蒜末炒香。
4 加入做法 2、鹽，快速拌勻後即完成。

銀芽豆干絲

材料（3 人份）

綠豆芽……1 包（300g）
蒜頭……2 瓣
豆干……110g
辣椒……1 支

● **調味料**
食用油……少許
鹽……少許

做 法

1 綠豆芽去頭尾、蒜頭切末、豆干及辣椒（去籽）切絲，備用。
2 鍋內放入少許食用油，中小火將蒜末及辣椒絲炒香。
3 加入豆干絲，炒軟、炒香。
4 加入綠豆芽，快速拌炒後加鹽調味即完成。

料理筆記

》先以一鍋滾水汆燙高麗菜，可讓高麗菜受熱均勻，縮短熱油鍋拌炒的時間，讓高麗菜清甜爽口。

奶油洋蔥

材料（2 人份）

洋蔥……1 顆
● **調味料**
　　無鹽奶油……10g
　　鹽……1/4 小匙
　　黑胡椒……少許
　　乾燥洋香菜葉……少許

做 法

1 將洋蔥洗淨切絲備用。
2 冷鍋時將奶油入鍋，以小火將奶油慢煮至略為溶化。
3 放入洋蔥炒至金黃色後加入鹽、黑胡椒及乾燥洋香菜葉，拌勻後即完成。

料理筆記

》奶油易焦，全程需留意火候。

櫻花蝦娃娃菜

材料（2 人份）

娃娃菜……4 朵（200g）
乾燥櫻花蝦……3g（或隨喜好增減）
蒜頭……2 瓣
紅蘿蔔……10g
● **調味料**
　　食用油……少許
　　米酒……1 小匙
　　鹽……少許
　　水……適量

做 法

1 娃娃菜洗淨後縱切成 4 等份、櫻花蝦以水沖洗一次、蒜頭切末、紅蘿蔔刨成絲，備用。
2 煮一大鍋水（水量可蓋過食材再多一點），水滾後加少許鹽（份量外），並將娃娃菜入鍋汆燙 2 分鐘撈起備用。
3 起熱鍋，以少油中小火將蒜末、紅蘿蔔、櫻花蝦加入米酒及少許水炒香。
4 放入做法 2，加鹽拌勻即完成。

料理筆記

》櫻花蝦有濃郁的海味，如不喜，則可不加櫻花蝦。
》櫻花蝦已有些許鹹味，故調味時可邊試味道邊調整至習慣的鹹度。

蒜炒韭黃紅蘿蔔

材料（3 人份）

韭黃……1 把（150g）
紅蘿蔔……50g
蒜頭……2 瓣

- 調味料
  食用油……少許
  水……少許
  鹽……1/8 小匙
  米酒……1 大匙

做 法

1 韭黃洗淨後莖部與嫩葉分別切開、紅蘿蔔切絲、蒜頭切末，備用。
2 鍋內加入以許食用油，以中小火將蒜頭、紅蘿蔔炒香。
3 韭黃的莖部先入鍋，加少許水拌炒至軟。
4 加入韭黃嫩葉一起繼續快速拌炒。
5 起鍋前加入鹽及米酒拌勻後即完成。

料理筆記

》 先炒莖再炒嫩葉，可讓整體口感一致。

香煎板豆腐杏鮑菇

材料（2 人份）

板豆腐……200g
杏鮑菇……110g

- 調味料
  食用油……少許
  山葵胡椒鹽……少許

做 法

1 板豆腐切片後以廚房紙巾將水分拭乾、杏鮑菇滾刀切塊，備用。
2 取一平底鍋，鍋子的一邊倒入少許油，將板豆腐以少油中小火香煎，同時另一邊放入杏鮑菇乾煎。
3 做法 2 煎至金黃時即可關爐火，均勻的撒入山葵椒鹽即完成。

料理筆記

》 杏鮑菇下鍋時不急著翻動，待煎出金黃焦糖色時再翻面續煎，可避免杏鮑菇出水。
》 下鍋前將板豆腐及杏鮑菇的水分擦拭乾淨，一來可防噴油，再來較能煎出香酥口感。
》 山葵胡椒鹽亦可以蒜味胡椒鹽、鹹酥雞椒鹽粉等取代。

蒜香筊白筍

材料（4 人份）

筊白筍……7 支（350g）
蒜頭……2 瓣
● 調味料
　食用油……少許
　鹽……1/4 小匙
　水……50cc

做 法

1 筊白筍剝去筍殼後洗淨切絲、蒜頭切成末，備用。
2 鍋內加入少許食用油，以中小火將蒜末炒香。
3 加入筊白筍、少許水分，轉中火快速拌炒。
4 做法 3 炒軟後，加入鹽拌勻即完成。

肉末花椰菜

材料（4 人份）

花椰菜……300g
低脂豬絞肉……120g
蒜末……2 瓣
辣椒……1 支（斜切）
● 調味料
　食用油……少許
　米酒……1 大匙
　醬油……1 大匙
　水……100cc
　鹽……1/4 小匙

做 法

1 鍋內放入少許食用油後，將蒜末、辣椒、豬絞肉入鍋以中火炒至肉色變白。
2 加入米酒、醬油，炒至豬絞肉上了醬色及飄出焦香氣，起鍋備用。
3 做法 2 的鍋子洗淨後，放入 100ml 的水，水滾後放入花椰菜。
4 蓋上鍋蓋以中小火燜煮約 2 分鐘。
5 開鍋後加入做法 2、鹽，拌勻即完成。

料理筆記
》將做法 2 的豬絞肉炒至焦香，是這道料理的美味功臣。

香菇大白菜

材料（4 人份）

大白菜……430g
乾香菇……15g
紅蘿蔔……60g
蒜頭……2 瓣

● **調味料**
　食用油……少許
　鹽……1/2 小匙

做法

1 大白菜洗淨後切塊、乾香菇以溫水泡軟後切絲、紅蘿蔔去皮切絲、蒜頭切成末，備用。

2 鍋內倒入許食用油，放入蒜末以中小火炒香。

3 加入乾香菇、紅蘿蔔絲、少許水（份量外），炒軟。

4 加入大白菜、少許水（份量外），蓋上鍋蓋以中小火燜煮 1 分鐘。

5 開鍋蓋拌炒均勻後，再蓋上鍋蓋燜煮 1 分鐘（此時可斟酌是否再額外加入少許水分拌炒）。

6 加入鹽，拌均後即完成。

枸杞甜高麗菜

材料（3 人份）

高麗菜……1/4 顆（450g）
枸杞……30g
老薑……5g

● **調味料**
　鹽……1/2 小匙
　米酒……1 小匙

做法

1 高麗菜切塊後以滾水汆燙 1 分鐘。

2 枸杞以溫水泡軟、老薑切絲備用。

3 鍋內放入少許食用油，以中小火將枸杞、薑絲炒至香味飄出。

4 加入汆燙過的高麗菜、鹽快速拌炒。

5 起鍋前熗點米酒即完成。

 料理筆記

》高麗菜汆燙時間勿久，滾水約燙 1 分鐘內即可，以保高麗菜清甜。

》枸杞以溫水泡軟即可，勿浸泡至軟爛，以保枸杞的香氣及甜味。

香煎板豆腐

· · · · · · · · · · · · · · · · · · · ·

材料（2 人份）

板豆腐……100g（切小塊）
● 調味料
　山葵椒鹽或蒜味胡椒鹽……少許
　食用油……少許

做 法

1 將板豆腐切小塊後，以廚房紙巾將水分擦拭乾。

2 起熱鍋，以少油、小火將做法 1 各面煎至金黃色。

3 起鍋前關爐火，均勻的撒入山葵椒鹽或蒜味胡椒鹽即完成。

香菇筊白筍

· · · · · · · · · · · · · · · · · · · ·

材料（3 人份）

筊白筍……7 支（350g）
鮮香菇……60g
蒜頭……2 瓣
● 調味料
　食用油……少許
　鹽……1/4 匙
　香油……1/4 小匙
　水……少許

做 法

1 筊白筍剝去筍殼後洗淨切絲、鮮香菇切細、蒜頭切成末，備用。

2 鍋內倒入少許食用油，以中小火將蒜末炒香。

3 加入香菇、少許水分，拌炒至香氣飄出。

4 加入筊白筍，再加少許水分一起拌炒至軟。

5 起鍋前加入少許香油及鹽調味即完成。

料理筆記

》 下鍋前將板豆腐的水分拭乾，一來可防噴油，再來較能煎出香酥口感。

南瓜玉米厚蛋

材料（3 人份）

南瓜……150g
雞蛋……4 顆（打散）
玉米粒……50g
● 調味料
　鹽……1/4 小匙
　無鹽奶油……5g

做 法

1 南瓜去籽後連皮洗淨並切小塊，放入電鍋蒸熟（外鍋半杯水），備用。
2 雞蛋加入鹽後打散，備用。
3 不沾平底鍋放入奶油，以小火將奶油溶化後搖勻。
4 將做法 1 擺入鍋裡，再均勻的撒入玉米粒。
5 倒入做法 2，以中小火煎煮 3 分鐘。
6 取一平盤（直徑需大於平底鍋）倒扣後續煎第二面，約煎 1 分鐘。
7 將筷子插入蛋中，靜置 5 秒後取出，如筷子未沾黏蛋液及有溫熱感即可起鍋。
8 起鍋後置於烤架或濾油盤放涼，略涼後即可切塊。

> **料理筆記**
>
> 》 平底鍋直徑愈小，成品將愈厚實，煎煮的時間也需再調整；本食譜的平底鍋直徑為 20cm。
> 》 以平盤倒扣時，建議關掉爐火以策安全。

椰香芝麻蛋捲

・・

材料 (3～4人份)

雞蛋……4 顆
白芝麻……1 大匙
乾燥蒔蘿草……少許（可省略）
● 調味料
　椰子油……1 小匙
　鹽……1/4 小匙

做 法

1 雞蛋加入白芝麻、鹽攪拌均勻後備用。
2 取一平底鍋，中小火，放入椰子油。
3 將做法 1 倒入鍋內。
4 待蛋液邊緣略凝固時，持兩支鍋鏟相互輔助將蛋液
　捲起。
5 將蛋捲各面煎熟即可起鍋，放涼後切塊，並撒上乾
　燥蒔蘿點綴即完成。

料理筆記

》白芝麻可炒過或短暫烘烤增加香
　氣。
》剛開始捲蛋捲時會些許零亂，以
　鍋鏟慢慢整形，待蛋捲全熟後就
　會是漂亮的形狀了。
》將蛋捲煎至紮實感，即代表蛋捲
　的中心幾乎都熟了，另也可將筷
　子插入蛋捲中，筷子不沾蛋液且
　有溫熱感也表示可以起鍋了。

材料（3 人份）

雞蛋……4 顆
● **調味料**
　鹽……1/4 小匙
　牛奶……1 大匙

炒蛋鬆

做 法

1 將雞蛋加入全部調味料後打散均勻，備用。
2 鍋內倒入少許食用油並搖均勻，倒入蛋液（中小火）。
3 以筷子或鍋鏟將鍋子裡的蛋液快速畫圓或攪拌。
4 蛋液大致凝固時即關爐火，以鍋子餘溫將蛋液全部炒熟、炒嫩即完成。

材料 (3人份)

熟毛豆仁……70g

雞蛋……4 顆

● 調味料

　鹽……約 1/4 小匙

　食用油……少許

毛豆仁蛋捲

做 法

1 雞蛋加入鹽打散均勻後備用。

2 取一平底鍋，倒入少許食用油並搖勻，接著倒入做
法 1，以中小火香煎。

3 將熟毛豆仁均勻的撒在蛋液上。

4 待蛋液邊緣略凝固時，雙手各持一支鍋鏟或飯匙，
將蛋液慢慢捲成蛋捲狀。

5 以鍋鏟或飯匙夾住已經捲好的蛋捲，各面來回煎至
紮實狀即可起鍋。

6 將蛋捲大致擱涼後，即可切塊享用。

 料理筆記

》 如用的是生毛豆仁，則先起一鍋滾
水，加點鹽，將生毛豆仁以中火滾
煮 5 分鐘即熟（期間撈掉雜質及脫
落的毛豆仁皮）。

》 毛豆仁也可大致切碎，方便捲成蛋
捲狀。

》 將蛋捲煎至紮實感即代表蛋捲中心
已熟，另也可將筷子插入蛋捲中，
筷子不沾且有溫熱感也表示可以起
鍋了。

材料（4人份）

雞蛋……4 顆
乳酪絲……50g

● **調味料**
　牛奶……1 大匙
　食用油……少許
　鹽……1 小撮

乳酪蛋

做 法

1. 將雞蛋加鹽、牛奶後打散均勻，備用。
2. 取一平底鍋，倒入少許食用油，油熱後倒入做法 1。
3. 乳酪絲均勻撒入，並以中小火慢煎。
4. 鍋邊蛋液呈現半凝固狀時，以 2 個鍋鏟相互輔助慢慢將蛋捲起。
5. 將蛋捲煎至筷子插入後取出未沾黏蛋液，筷子有溫熱感即可起鍋。
6. 將蛋捲大致攤涼後，即可切塊享用。

材料（1 人份）

雞蛋……1 顆
● **調味料**
　鹽……近 1/8 小匙
　食用油……少許

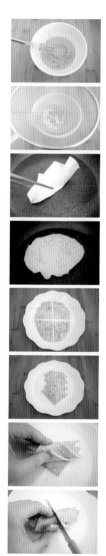

玫瑰蛋

. . . .

做 法

1 將雞蛋與鹽一起攪拌均勻,並以細濾網過篩一次,
　備用。

2 取一平底不沾鍋,倒入少許食用油後,再以廚房紙
　巾將食用油擦勻。

3 慢慢的倒入做法 1,待蛋液凝固後翻面、關爐火,讓
　餘溫將蛋液煎熟。

4 取出做法 3,切成 4 等份(成 4 個小扇形),將每一
　等份垂直疊放後,自上往下捲起,並於中間處對切,
　立放後即成一朵美麗的花朵形狀。

材料 （3 人份）

雞蛋……4 顆
青蔥……30g
紅蘿蔔……20g
● 調味料
　鹽……1/4 小匙

蔥花蛋捲

做 法

1 紅蘿蔔切成細丁、青蔥切成蔥花、雞蛋 4 顆，備用。

2 將做法 1 加入調味料後攪拌拌勻。

3 取一平底鍋，倒入少許食用油（份量外），將做法 2 倒入鍋裡，以中小火香煎。

4 煎至鍋子邊緣的蛋液略凝固後，持鍋鏟及筷子相互輔助從鍋子的側邊開始將蛋捲起。

5 捲成蛋捲狀後，持鍋鏟將蛋捲切半（也可不切），慢慢煎熟即完成。

料理筆記

》蛋捲捲完成後，香煎片刻即可關爐火，讓鍋子的餘溫將蛋捲烘熟，同時以鍋鏟各面輕壓蛋捲，幫助快熟及更緊實。

》以筷子插入蛋捲，如筷子未黏上蛋液且筷子有溫熱感，即代表全熟了。

材料（3人份）

雞蛋……3 顆
● 調味料
　鹽……1 小撮

蛋皮絲絲

做法

1 將雞蛋加入鹽打散，並以細濾網過濾一次。

2 取一平底不沾鍋，倒入少許食用油後，再以廚房紙巾將食用油擦勻。

3 分次倒入蛋液，同時將鍋子高舉並搖勻蛋液。

4 鍋邊的蛋液凝固及捲起時，關爐火，以鍋鏟、筷子翻面，讓鍋子的餘溫將第二面蛋液烘熟。

5 取出做法 4 並置於烤架或濾油盤防濕氣回滲，待涼後切絲即完成。

料理筆記

》 如不怕燙，可用雙手指尖拉著鍋邊捲翹的蛋皮，一鼓作氣的將蛋皮取出鍋子或翻面。

》 以細濾網將蛋液過篩一次，煎出來的蛋皮口感將更細緻。

》 建議使用直徑大的平底鍋，以方便煎出輕薄的蛋皮（食譜使用的平底鍋直徑為 28cm）。

材料（4 人份）

雞蛋……4 顆（室溫）

● **調味料**
水……1200ml（或蓋過食
材再多一些的水量）
鹽……1/4 小匙

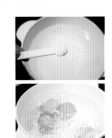

水煮 Q 蛋

做法

1 起一鍋冷水並將雞蛋、鹽放入鍋裡，爐火開中大火。

2 水煮沸後轉中小火，讓鍋裡的水呈小煮沸狀，續煮 7
分鐘。

3 將蛋撈起鍋，放入冷水或冰水中降溫，待涼後即可
剝殼。

4 以棉線或切蛋器即可切出工整的水煮蛋。

料理筆記

》水煮沸前，以筷子或湯勺輕輕攪
拌，可讓蛋黃維持於正中央，切
開後視覺較美觀。

》水中加入鹽（或醋）可幫助蛋白
質凝固，防止蛋白從蛋殼的裂縫
中流出。

》建議使用定時器，可防止煮過頭
或時間不足。

材料 _(3 人份)

雞蛋……4 顆
市售岩燒海苔……1 小盒
白芝麻……1/4 小匙

● **調味料**
　食用油……少許
　鹽……少許
　海苔粉或乾燥洋香菜葉
　（可省略）

岩燒海苔蛋捲

做法

1 雞蛋加入白芝麻、少許鹽後攪拌均勻。
2 取一平底鍋，鍋內放入少許食用油並將油搖勻後，
　倒入做法 1。
3 鋪上岩燒海苔。
4 待鍋邊蛋液略凝固時，以鍋鏟及筷子（或 2 支鍋鏟）
　相互輔助將蛋捲起，並各面煎熟即完成。
5 略為放涼即可切片盛盤，撒上海苔粉或乾燥洋香
　葉點綴（可省略）。

料理筆記

》全程以小火慢煎，煎至蛋捲呈現
紮實感即可，如擔心蛋捲的中心
不夠熟，則可利用筷子插入蛋捲
約 5 秒後取出，如筷子上無沾黏
蛋液或筷子有溫熱感，則代表可
以起鍋了。

》鹽分比例需依各品牌的岩燒海苔
鹹度不一而調整。

材料（3人份）

雞蛋……4 顆
紅蘿蔔……60g
● 調味料
　鹽……1/4 小匙
　食用油……少許

紅蘿蔔蛋捲

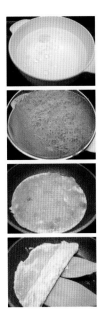

做 法

1 紅蘿蔔刨成絲、雞蛋加入鹽打散均勻，備用。

2 起一大鍋滾水（水量可蓋過食材再多一些），加入少許鹽及一小匙食用油（皆份量外），接著放入紅蘿蔔絲汆燙 2 分鐘後撈起鍋，備用。

3 取一平底鍋，鍋內倒入少許食用油並搖均勻，倒入蛋液（中小火）。

4 均勻的將做法 2 的紅蘿蔔絲撒入。

5 待鍋邊蛋液凝固時，以 2 支鍋鏟相互輔助將蛋捲起。

6 將蛋捲各面慢慢煎熟即完成。

 料理筆記

》 可將筷子插入蛋捲中約停 5 秒，如沒有沾黏蛋液即熟。
》 如要切塊，則待蛋捲略涼定型後較好切。

香煎雞蛋豆腐

材料（3 人份）

雞蛋豆腐……1 盒（300g）
● 調味料
　食用油……少許
　胡椒鹽或山葵椒鹽……少許

做 法

1 雞蛋豆腐切片（寬約 1.5cm）。
2 以廚房紙巾將做法 1 水分輕輕拭乾，備用。
3 取一平底鍋，加入少許食用油，以中小火將做法 2 煎至金黃。
4 起鍋前，或享用前撒上些許胡椒鹽或山葵椒鹽即完成。

玉米炒蛋

材料（2 人份）

蛋……2 顆
玉米粒……80g（瀝掉水分）
● 調味料
　食用油……少許
　鹽……1 小撮
　乾燥洋香菜葉……少許

做 法

1 將雞蛋加入鹽後攪拌均勻，備用。
2 取一平底鍋，鍋內倒入少許食用油後，將蛋液一口氣全入鍋，以中小火不停的拌炒至蛋液凝固，呈鬆散半熟狀為止。
3 加入玉米粒一起拌炒，直到將蛋炒熟，玉米粒炒熱。
4 起鍋前加入鹽及乾燥洋香菜葉調味即完成。

料理筆記

》雞蛋豆腐入鍋前將水分拭乾，成品較美觀也可防油濺。
》不沾鍋無需熱鍋，冷鍋冷油即可開始香煎雞蛋豆腐；不鏽鋼平底鍋則需預先完成熱鍋熱油，以防黏鍋。

煸蒜香豆干丁

材料(2人份)

豆干……230g
蒜頭……15g
辣椒……1支

- 調味料
  食用油……少許
  山葵椒鹽……少許（亦可用蒜味胡椒鹽等取代）

做 法

1 豆干切丁、蒜頭及辣椒切末備用。
2 取一平底鍋，以少油小火將豆干丁炒至金黃焦香。
3 將炒香的豆干撥到鍋邊，騰出的空間倒入少許食用油，將蒜末及辣椒末炒香。
4 蒜末及辣椒末炒香後將豆干一起拌勻。
5 關爐火後，均勻的撒入山葵椒鹽即完成。

咖哩磨菇

材料(2人份)

磨菇……200g
洋蔥……半顆（80g）
蒜頭……2瓣

- 調味料
  食用油……少許
  水……少許
  咖哩粉……1/2小匙
  鹽……1/4小匙

做 法

1 磨菇切片、洋蔥切丁、蒜頭切片備用。
2 鍋內倒入少許食用油，加入蒜片、洋蔥丁，以中小火炒至洋蔥呈金黃色。
3 加入磨菇及少許水分拌炒。
4 加入咖哩粉、鹽，炒至磨菇入色入味即完成。

醋溜木耳紅蘿蔔絲

材料(3 人份)

新鮮黑木耳⋯⋯230g
紅蘿蔔⋯⋯50g
蒜頭⋯⋯1 小瓣

● **調味料 A（調成 1 碗）**
　水⋯⋯2 大匙
　醬油⋯⋯2.5 大匙
　醋⋯⋯1.5 小匙
　糖⋯⋯1 小匙

● **調味料 B**
　香油⋯⋯1/4 小匙
　薑泥⋯⋯1/8 小匙

做 法

1 將黑木耳及紅蘿蔔切絲、蒜頭切末、薑磨成泥，備用。
2 以少油（份量外）中小火將蒜末炒香後加入紅蘿蔔絲炒軟。
3 加入黑木耳絲，轉中火快速拌炒。
4 加入調味料 A，拌炒入味。
5 起鍋前加入調味料 B 拌勻即完成。

料理筆記

》醬油及醋的比例將因各品牌而不一，建議將調味料預先調成一碗，輕沾一口試味道並調整後再淋入鍋。

清炒塔香紫茄

材料(3 人份)

茄子⋯⋯2 條（約 260g）
九層塔葉⋯⋯1 碗（25g）切成末
蒜末⋯⋯10g

● **調味料**
　鹽⋯⋯少許
　食用油⋯⋯少許

做 法

1 將茄子切大段（以鍋子直徑為主）。
2 起一大鍋滾水並加入少許鹽，將做法 1 入鍋汆燙 3 分鐘（入鍋時以盤子倒扣將茄子壓至水面下）。
3 做法 2 一起鍋立刻放入冰水（份量外）冰鎮、定色，待涼後取出並切成適口大小，備用。
4 起熱鍋，以少油中小火將蒜末炒香後關爐火。
5 放入做法 3、鹽及九層塔末快速拌勻後即完成。

料理筆記

》茄子隔餐風味較差，建議當餐享用。
》汆燙茄子時，將茄子壓至水面下不讓茄子接觸空氣，且一起鍋立刻冰鎮，即可讓茄子保有鮮艷色彩。

櫛瓜炒蕃茄蛋

材料 (2 人份)

黃櫛瓜及綠櫛瓜……各 1 條（共 240g）
雞蛋……1 顆　　　青蔥……1 株
小蕃茄……90g　　蒜頭……2 瓣
● 調味料
　食用油……少許
　水……少許
　鹽……1/4 小匙

做 法

1 將櫛瓜切成滾刀塊、蒜頭切成末、小蕃茄切小塊、雞蛋打散、青蔥切成蔥花，備用。
2 鍋內放入少許食用油、蒜末、小蕃茄塊，以中小火炒至蕃茄變軟。
3 加入切妥的黃綠櫛瓜、少許水分，拌炒後蓋上鍋蓋以中小火燜煮 1 分鐘。
4 開蓋後，加入鹽調味、倒入蛋液、蔥花後即關爐火。
5 輕輕拌炒做法 4，讓鍋子的餘溫將蛋液拌至凝固即可起鍋。

料理筆記

》 以鍋子的餘溫來拌炒蛋液，可以讓蛋液保有滑嫩口感。
》 本食譜亦可採用小黃瓜來取代櫛瓜，另燜煮的時間則依個人喜好的食材脆度微調整即可。

義式香料紅蘿蔔絲

材料 (2 人份)

紅蘿蔔……2 小條
● 調味料
　橄欖油……少許
　鹽……少許
　義大利綜合香料…… 適量

做 法

1 紅蘿蔔削皮後，以刨片器將紅蘿蔔刨成薄片後再切成細絲，備用。
2 鍋內倒入少許橄欖油，油溫熱後放入做法 1，拌炒至香氣飄出。
3 加入義大利綜合香料及鹽調味，拌炒均勻後即完成。

料理筆記

》 刨片器容易刨到手，可放棄最後一小段紅蘿蔔不要刨，免得傷手，或不使用刨片器，以刀將紅蘿蔔切片後再切絲。
》 如義大利綜合香料已有鹽分，則食譜裡鹽的比例需視情況調整。

材料 (2 人份)

雞蛋……2 顆
彩椒……2 輪片（厚 1.5cm）
● 調味料
　耐高溫食用油……少許
　鹽……少許
　義大利綜合香料……適量

彩椒蛋

做 法

1 彩椒去籽後輪切片，每片厚約 1.5cm，備用。
2 取一烤皿，塗上耐高溫的食用油或鋪上烘焙紙。
3 將做法 1 放在做法 2 上，並小心的將雞蛋打入彩椒圈圈中。
4 放入已預熱至攝氏 220 度的烤箱中，烤 15 ～ 20 分鐘後撒上鹽及義大利綜合香料，再以飯匙取出彩椒蛋，即完成。

料理筆記

》烘烤時間依各烤箱火力而不一，喜歡半熟蛋可於烘烤約 15 分鐘後取出，烘烤 20 分則是將蛋烤至全熟。

乾煎雙菇

材料（3 人份）

鴻禧菇……100g
雪白菇……100g
● **調味料**
　鹽……1 小撮
　黑胡椒……少許

做法

1 將鴻禧菇及雪白菇切除蒂頭後掰散，備用。
2 取一平底鍋，將做法 1 平鋪於鍋上並小火乾煎至微焦糖色。
3 均勻的撒上鹽及黑胡椒即完成。

烤雙色甜椒

材料（3 人份）

紅甜椒……1 個（140g）
黃甜椒……1 個（130g）
● **調味料**
　橄欖油……1 大匙
　鹽……1/2 小匙
　義式綜合香料……適量

做法

1 將紅甜椒及黃甜椒洗淨後，去籽、順紋切絲。
2 將切妥的甜椒放入烤皿，加入全部調味料並拌勻。
3 烤箱以攝氏 180 度預熱後，將做法 2 放進烤箱烤約 30 分鐘即完成。

料理筆記

》乾煎鴻禧菇及雪白菇時不急著翻炒，慢慢的煎至呈焦糖色時再翻動，可減少菇類出水。

料理筆記

》烘烤時間依各烤箱火力而不一，可依自家烤箱及喜愛的甜椒熟度增減烘烤時間。

香煎造型板豆腐紅蘿蔔

寒天（洋菜）蕃茄炒蛋

材料 (2 人份)

板豆腐……80g
紅蘿蔔……80g
- 調味料
  鹽……1 小撮
  乾燥洋香菜葉……適量
  食用油……少許

做法

1 將板豆腐及去皮紅蘿蔔厚切約 1cm，並以造型壓膜將板豆腐及紅蘿蔔壓出形狀。

2 起一鍋滾水，將紅蘿蔔氽燙約 4～5 分鐘後撈起鍋瀝乾水分備用。

3 取一平底鍋，以少油小火將做法 1 的板豆腐及做法 2 的紅蘿蔔煎至金黃。

4 起鍋前，以手指撮撒少許鹽及乾燥洋香菜葉即完成。

材料 (4 人份)

雞蛋…4 顆　　　牛蕃茄…2 顆
蒜頭…2 瓣　　　青蔥…1 株
寒天…5g（以溫水泡軟後剪碎）
- 調味料
  食用油…少許　　鹽…1/4 小匙
- 醬料（調成 1 碗）
  醬油…1.5 大匙　糖…1/2 小匙
  水…50cc　　　香油…1/4 小匙

做法

1 備用：雞蛋加入寒天及鹽後拌勻、青蔥切成蔥花、蒜頭切成末、牛蕃茄輕劃十字後速燙，撈起鍋後冰鎮去皮並切小塊。

2 鍋內倒入少許食用油、寒天蛋液，以中小火炒至半熟，起鍋備用。

3 同一鍋，加少許食用油將蒜末炒香。

4 加入牛蕃茄丁、醬料，拌炒至牛蕃茄軟化。

5 加入做法 2 的半熟炒蛋，全部一起拌炒至蛋上醬色後，撒入蔥花即完成。

料理筆記

》食材的邊邊不要丟棄，可用來煮湯或再利用。

料理筆記

》寒天（洋菜）炒蛋冷卻後會凝固結塊，所以較適合熱便當或當餐享用。

醬燒鮮香菇

烤牛蕃茄玉米筍

材料（2 人份）

鮮香菇……6 朵（約 100g）
蒜末……2 瓣
- **調味料（調成一碗）**
　水……4 大匙
　醬油……1 大匙
　糖……1/4 小匙
　鹽……少許（視醬油鹹度調整）

材料（2 人份）

牛蕃茄……2 顆（共 200g）
玉米筍……100g
- **調味料**
　橄欖油……1/2 小匙
　鹽……1/2 小匙
　乾燥迷迭香……1 小匙
　義大利綜合香料……少許

做 法

1 將鮮香菇切去蒂頭後，以刀刻上十字花（蒂頭及邊屑可一起入鍋）。
2 鍋內倒入少許食用油（份量外），以中小火將蒜末炒香後，加入做法 1 的香菇一起拌炒。
3 香菇炒軟後，倒入調味料，煮至醬汁變稠及略收汁時即完成。

做 法

1 牛蕃茄切 4 等份、玉米筍切滾刀塊（或不切）。
2 加入全部調味料，拌勻。
3 放入以攝氏 180 度預熱完成的烤箱，烘烤 20~30 分鐘後即完成（中途取出攪拌一次）。

料理筆記
》醬油比例因各品牌鹹度不一，建議先將調味料調成一碗，試味道後再入鍋。

料理筆記
》烘烤時間依各烤箱火力而不一，建議可於烘烤 15 分鐘後取出攪拌時，順道斟酌烘烤時間。

後 記

愛自己，從認真吃飯開始，
不管現在的你或妳是胖是瘦，
都要好好的愛自己、肯定自己…

● 謝謝家人

　　感謝親愛的先生及女兒的支持與體諒，容我在籌備書籍內容時，有無數個平常日夜晚及週末例假日沒有辦法好好陪伴，只能讓先生及女兒在家裡陪著我無止盡的做菜、試菜、寫食譜、拍照；更感謝先生除了幫忙拍攝，還在我端出一道道試驗料理時，樂於試吃並給予最誠實的建議；沒有他，這本書將無法順利完成。

● 謝謝網友

　　每當覺得做便當疲倦時，就剛好會有網友傳來鼓勵的訊息；有網友說：「跟著這樣做便當，吃著吃著也瘦了」，又或者有網友說：「自己是料理新手，感謝貝蒂分享容易上手又健康的食譜」等，這些網友感謝的話語，句句都是激勵自己再往前邁進的動力，因為我知道，我不是孤單一個人在做瘦身便當，而是有好多志同道合的朋友們一起努力著，謝謝你 / 妳們。

● 謝謝讀者

　感謝您購買本書，讓我有機會將自己淺薄的瘦身便當理念
傳達給您；這絕對是一本適合想學簡單料理的初學者、不想
再吃油膩外食的上班族、想為所愛的人或自己做份健康料理
的食譜書，希望您看了、試做了，也會喜歡。

● 謝謝主編與自己

　人生的際遇很微妙，從沒想過自己可以認識一位來自出版
社的朋友，更沒想過自己可以寫一本食譜書還全國發行，這
全要感謝野人出版社的主編 Lina，感謝 Lina 於貝蒂一開始摸
不著方向時給予許多建議及良方；最後也謝謝自己，經過努
力，終於完成了這個美好的夢想。

bon matin 111

愛妻瘦身便當（暢銷紀念版）

作　　　者	貝蒂做便當
社　　　長	張瑩瑩
總　編　輯	蔡麗真
美 術 編 輯	林佩樺
封 面 設 計	倪旻鋒

責 任 編 輯	莊麗娜
行銷企畫經理	林麗紅
行 銷 企 畫	李映柔
出　　　版	野人文化股份有限公司
發　　　行	遠足文化事業股份有限公司（讀書共和國出版集團）

地址：231 新北市新店區民權路 108-2 號 9 樓
電話：（02）2218-1417
傳真：（02）8667-1065
電子信箱：service@bookrep.com.tw
網址：www.bookrep.com.tw
郵撥帳號：19504465 遠足文化事業股份有限公司
客服專線：0800-221-029

法律顧問	華洋法律事務所　蘇文生律師
印　　製	凱林彩印股份有限公司
初　　版	2018 年 05 月 30 日
二版二刷	2024 年 01 月 30 日

有著作權　侵害必究
歡迎團體訂購，另有優惠，請洽業務部
（02）22181417 分機 1124

特 別 聲 明：有關本書的言論內容，不代表本公司／出版集團之立場與意見，
　　　　　　　文責由作者自行承擔。

國家圖書館出版品預行編目（CIP）資料

愛妻瘦身便當 / 貝蒂做便當著 . -- 二版 . -- 新北市：野人文化股份有限公司出版：遠足文化事業股份有限公司發行，2023.12　176 面；17×23 公分 .
-- （bon matin；111）　ISBN 978-986-384-961-2（平裝）
1.CST：食譜
427.17
112017418

野人文化
讀者回函卡

感謝您購買《愛妻瘦身便當》

姓　名 _____ □女 □男　年齡 _____

地　址 _____

_____

電　話 _____　手機 _____

Email _____

學　歷 □國中(含以下) □高中職　□大專　　□研究所以上
職　業 □生產/製造 □金融/商業 □傳播/廣告 □軍警/公務員
　　　　□教育/文化 □旅遊/運輸 □醫療/保健 □仲介/服務
　　　　□學生　　　□自由/家管 □其他

◆你從何處知道此書？
　□書店 □書訊 □書評 □報紙 □廣播 □電視 □網路
　□廣告DM □親友介紹 □其他

◆您在哪裡買到本書？
　□誠品書店 □誠品網路書店 □金石堂書店 □金石堂網路書店
　□博客來網路書店 □其他_____

◆你的閱讀習慣：
　□親子教養 □文學 □翻譯小說 □日文小說 □華文小說 □藝術設計
　□人文社科 □自然科學 □商業理財 □宗教哲學 □心理勵志
　□休閒生活（旅遊、瘦身、美容、園藝等）□手工藝／DIY □飲食／食譜
　□健康養生 □兩性 □圖文書／漫畫 □其他

◆你對本書的評價：（請填代號，1. 非常滿意　2. 滿意　3. 尚可　4. 待改進）
　書名_____封面設計_____版面編排_____印刷_____內容_____
　整體評價_____

◆希望我們為您增加什麼樣的內容：

_____

_____

◆你對本書的建議：

_____

_____

野人

23141
新北市新店區民權路108-2號9樓
野人文化股份有限公司 收

請沿線撕下對折寄回

野人

書名：愛妻瘦身便當
書號：bon matin 111